普通高等学校精品课程建设教材

基础生物学实验指导

生物化学分册

赵海泉 主编

中国农业大学出版社

《基础生物学实验指导》
教材编写人员

主　　编　赵海泉

副 主 编　蔡永萍

编写人员　（以姓氏笔画为序）

何金铃　陈晓琳　张玉琼

金　青　郭　宁　詹永乐

编者的话

安徽农业大学从高等教育发展的需要出发，结合学校的实际情况，自 2005 年 9 月起在学校全面实行学分制改革，学分制的教育管理对过去的人才培养模式、专业培养方案、课程设置及学时数等方面进行了大规模的调整。为配合学校学分制改革，加强学生的动手能力，在有限的学时内完成基础生物学实验内容，我们编制了这本《基础生物学实验指导》教材。

教材分《植物学分册》、《动物学分册》、《微生物学分册》、《生物化学分册》、《植物生理学分册》、《细胞生物学分册》和《遗传学分册》7 个分册。教材以本科生为使用对象，既满足农业院校各相关专业学生学习基础生物学的要求，也可为生物类专业学生学习基础生物学实验使用。教材以基础生物学实验为内容，吸收国内外有关基础生物学实验的新成果、新方法、新进展，对涉及基础生物学课程的实验有较完整的介绍，并尽可能使各实验课程的内容之间既有相互联系又不交叉重复。在内容的编排上既考虑学科的课程体系，也兼顾农业院校各专业的需要；既依据现有的实验室条件，也按照实验课程的学时设置；既有经典性实验，也有综合性和设计性实验。

教材的编写人员均为长期在基础生物学实验教学一线的老师，具体分工为《植物学分册》由何金铃老师编写，《动物学分册》由詹永乐老师编写，《微生物学分册》由陈晓琳老师和赵海泉老师编写，《生物化学分册》由金青老师编写，《植物生理学分册》由张玉琼老师编写，《细胞生物学分册》由郭宁老师和蔡永萍老师编写，《遗传学分册》由郭宁老师编写，赵海泉老师和蔡永萍老师负责统稿和审稿。

在教材编写的过程中得到了安徽农业大学教务处、生命科学学院和中国农业大学出版社诸多老师的支持和帮助，在此，我们一并表示衷心的感谢。

由于我们的水平有限，加上对实行学分制理解认识的局限，书中的不妥之处在所难免，敬请批评指正。

赵海泉

2008 年 5 月

前　言

生物化学是农业院校相关专业重要的学科基础课程，是学习相关后续专业课程必要的前提，随着生物科学的飞跃发展，生物化学实验技术已成为当代生命科学及相关学科研究的重要手段；同时，生物化学实验技术和方法也已广泛地渗透到现代生命科学的各分支领域，掌握生物化学的实验技术、基本原理以及研究过程对了解生物化学的基本理论是非常重要的。开设生物化学实验课程，不仅可以使学生加深对生物化学基本原理、基础知识的理解，而且对培养学生分析问题、解决问题的能力和严谨的科学态度以及提高科研技能等都具有十分重要的作用。

为适应学校的教学改革，在涉及生物化学各相关专业人才培养方案中，生物化学理论课与实验课教学时数大幅缩减情况下，积极调整教学内容，不断更新教学手段，力求做到减课时不减质量，减课堂教学不减能力培养，编辑了适合现行教学体制的生物化学实验教学指导书。

根据我校的学分制改革需要，生物化学实验分册共收集了 21 个实验，包括糖类、脂类、蛋白质、核酸、酶、生物代谢 6 大方面，有常用的物质提取、分离、定性、鉴定、定量测定实验；也有广泛应用的 DEAE-纤维素薄板层析、各种凝胶电泳等新技术。本实验分册既包括经典生物化学的验证实验，又包括现代生物化学新技术、新理论的综合性实验。教学计划 30 课时，分 10 次进行。实际教学安排可根据各专业要求，从中予以选择、调整。

为兼顾不同专业对生物化学知识与实验技能的需求，充分考虑学生的学习能力与兴趣差异，本书在传统验证性实验的基础上，增加了一定比例的综合性、设计性实验。本教学指导书的主要目的，通过生物化学实验和操作技能让学生巩固和加深理解生物化学基础理论，验证生物化学的基本规律，激发学生探索生物化学规律的浓厚兴趣；熟悉和掌握生物化学研究的基本操作技能，培养学生观察问题、分析问题和解决问题的能力及团队合作的意识，培养严谨的科研作风，进一步启发和提高学生的创造意识和创新能力。

本书注重知识的系统性，力求做到编排合理、层次清晰、概念准确、内容简练、方法实用、便于教学。

本书包含了生物化学教研室全体老师们的丰富经验，同时也融合了编者从事生物化学教学实践的心得与对一些实验方法的改进所作的有效尝试。

书中借鉴了国内一些优秀教材与资料，在此表示衷心的谢意！对于同仁们对本书的编写所给予的关心、支持与帮助表示衷心感谢！

目　　录

生物化学实验室规则

一、实验前须认真预习实验指导，明确实验目的和要求，了解实验的内容和基本原理，熟悉实验的步骤和操作方法。

二、上课不迟到、不早退、不无故旷课；自觉保持实验室的安静，不得大声谈笑、喧哗；随时注意保持实验室整洁，滤纸、废品等必须放入废物桶内。

三、实验中要认真、严格操作，仔细观察，如实记录实验现象和数据，并认真分析问题、处理数据，独立、按时完成实验报告。

四、使用精密、贵重仪器，必须了解其性能和操作方法，并在老师指导下操作。实验中因故损坏仪器、器皿，应及时报告，并要给予适当赔偿。

五、实验中应注意节约药品，不得浪费；公用药品须按规定使用，用后及时放回原处，以备他人使用。

六、凡进行有危险性实验，实验人员应先检查防护措施，确证防护妥当后，才可进行实验。实验中不得擅自离开，实验完成后立即做好善后清理工作，以防事故发生。

七、凡有害或有刺激性气体发生的实验应在通风柜内进行，加强个人防护，不得把头部伸进通风柜内。实验室所用的易燃物品，如乙醚、石油醚、乙醇等低沸点有机溶剂使用时严禁明火，远离火源。若需加热，不可直接在电炉上加热，应使用水浴锅加热。

八、腐蚀和刺激性药品，如强酸、强碱、氨水、过氧化氢、冰醋酸等，取用时尽可能戴上橡皮手套和防护眼镜，倾倒时，切勿直对容器口俯视，吸取时，应该使用橡皮球。若操作不小心被强酸、强碱溅到皮肤上，应立即用大量自来水冲洗。若被强酸灼伤，用饱和 $NaHCO_3$ 溶液中和；若被碱灼伤用饱和 HBO_3 溶液中和；被氧化剂伤害，用 $Na_2S_2O_3$ 处理。

九、不使用无标签（或标志）容器盛放的试剂、试样。

十、实验室内严禁吸烟、饮食，以免误食和吸入有害物质。

十一、实验室内的一切物品，未经本室负责教师批准，严禁带出室外。借物必须办理登记手续。

十二、实验结束，应及时洗涤器皿、整理台面，并检查水电（如水龙头是否关紧，电插头是否拔下）；值日生处理废物，清扫地面；待老师检查认可后方可离开实验室。

实验一　纸层析法分析氨基酸

一、实验目的与原理

1. 目的：掌握纸层析法的一般原理和操作方法，并用以分离鉴定游离氨基酸组分；了解氨基酸的特征性颜色反应。

2. 原理：纸层析法是分配层析法的一种，常以滤纸作为惰性支持物。纸层析是分离、鉴定和定量测定微量氨基酸的简易、有效的方法。

纸层析的原理主要是根据被分析的样品在两相溶剂系统中的分配系数不同，在纸上移动的速率也不同，从而达到分离的目的。纸层析所用展层溶剂大多由水和有机溶剂组成。水和有机溶剂互溶后形成两个相：一是饱和了有机溶剂的水相，另一是饱和了水的有机溶剂相。滤纸纤维与水的亲和力强，与有机溶剂的亲和力弱，因此，水相为固定相，有机溶剂相为流动相。将样品点在滤纸上，进行展层，样品中的各种氨基酸就在固定相和流动相之间不断进行分配。由于物质的极性大小不同，在两相中的分配比例有所差异。极性大的物质在水相中分配较多，移动相对较慢；极性小的物质在有机相中分配较多，随有机相移动较快，从而将极性不同的物质分开，形成距原点不同的层析点。

物质被分离后在纸层析图谱上的位置可用 R_f（比移）值来表示：

$$R_f=\frac{\text{样品原点到斑点中心的距离}}{\text{原点到溶剂前沿的距离}}$$

在一定的条件下测得某种物质的 R_f 值是常数。R_f 值的大小与物质的结构、性质、溶剂系统、层析纸的质量、层析温度和展层方向（横向，上行或下行）等因素有关。

用纸层析鉴定样品时，一般都与标准品相比较。若没有标准品，可选择文献记载的该物质层析条件，根据文献 R_f 值进行鉴定。

二、实验用品

1. 材料：氨基酸。

2. 器材：层析缸，培养皿，冷热电吹风机，烘箱，毛细管，针，线。

3. 试剂：展层剂和平衡液：正丁醇：冰醋酸：水＝4：1：5，充分摇匀，用分液漏斗取上层液作展层剂，下层液作平衡液；样品液：用水配成每毫升含有苯丙氨酸、丙氨酸、组氨酸、脯氨酸各 4 mg 的 4 种氨基酸溶液，以及上述 4 种氨基酸的混合液（各 4 mg · mL^{-1}），苯丙氨酸不易溶解于水，应稍微加热使之溶解；茚三酮：按展层剂 0.25％的比例将茚三酮加入展层剂中，使其溶解。

三、实验内容与操作

（一）纸的处理

取 25 cm×15 cm 的滤纸一张，离底边 2 cm 处用铅笔轻轻划一条与底边平行的线，并等距离的在线上定点样点（原点）划圈，使圈的直径小于 0.5 cm。

（二）点样

在每个圈下用铅笔记上每种氨基酸的代号（混合样可写 M），然后用毛细管吸取样品，轻轻地点到相应的氨基酸圈内，待晾干或用冷风吹干后再点第 2 次。每个样品共点 5～7 次。

（三）饱和

将点好样的滤纸纵向卷起来，点样面向里，点样点位于一端，用针线缝成筒状，不要使滤纸两边接触（图 1-1），然后将滤纸筒直立于层析缸中，划线点样端向下。滤纸筒放在培养皿周围（培养皿中预先放入平衡液）饱和 1 h。

（四）层析

把饱和过的滤纸筒转移到另一层析缸中的培养皿内（培养皿中预先放入 2/3 量的展层剂），样品端向下垂直放置，切勿使展层剂浸到样品点。当溶剂前沿到达离上端约 3 cm 处，取出滤纸，用铅笔描出溶剂前沿，晾干。

（五）显色

将晾干滤纸放入烘箱中（105℃），烤几分钟后，滤纸上即显出氨基酸斑点。用铅笔描出斑点轮廓（图 1-2）。

四、注意事项

1. 整个操作过程中，手只能接触滤纸边缘，否则会在滤纸上留下手指上的氨基酸斑点。

2. 点样时，勿将毛细管插错试剂瓶。

3. 展层结束后，切勿忘记用铅笔描出溶剂前沿。

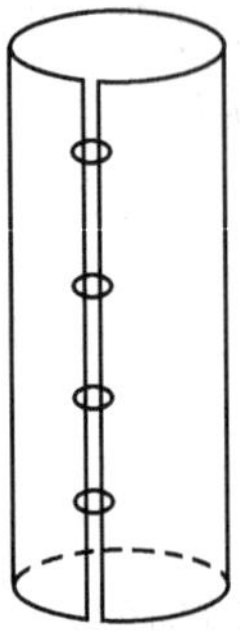

图 1-1 滤纸的缝合

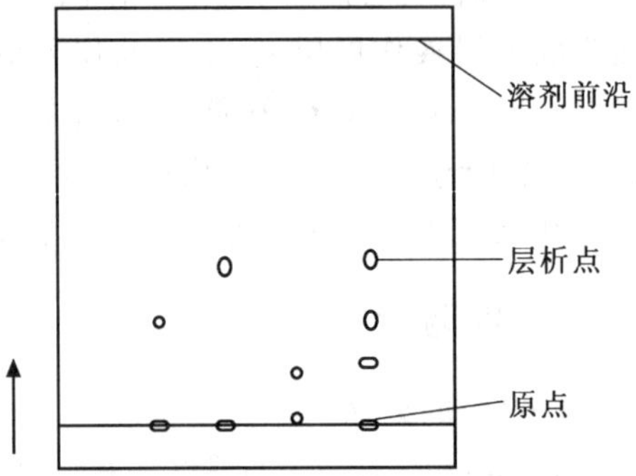

图 1-2 层析图谱

五、作业与思考题

1. 计算各种氨基酸的 R_f 值并用以判断混合氨基酸的组分。

2. 氨基酸纸上层析用哪种物质作为显色剂？这种显色剂与哪些氨基酸反应不产生蓝紫色？

3. 根据我们做的实验，说明几种标准氨基酸的 R_f 值为何不同？

4. 试分析层析斑点的拖尾现象。

实验二　凝胶层析(分子筛层析)

一、实验目的与原理

1. 目的：熟悉凝胶层析法的基本原理及应用；初步学会用凝胶层析分离蛋白质的基本方法。

2. 原理：凝胶层析法也称分子筛层析法，是指混合物随流动相经过凝胶层析柱时，其中各组分按其分子大小不同而被分离的技术。该法设备简单、操作方便、重复性好、样品回收率高，除常用于分离纯化蛋白质、核酸、多糖、激素等物质外，还可用于测定蛋白质的相对分子质量，以及高分子物质样品的脱盐和浓缩等。由于整个层析过程中一般不变换洗脱液，有如过滤一样，故又称凝胶过滤。

凝胶是一种不带电荷的具有三维空间的多孔网状结构、呈珠状颗粒的物质，每个颗粒的细微结构及筛孔的直径均匀一致，像筛子。直径大于孔径的分子将不能进入凝胶内部，便直接沿凝胶颗粒的间隙流出，所以向下移动的速度较快；小分子物质除了可以在凝胶颗粒间隙中扩散外，还可以进入凝胶颗粒的微孔中，即进入凝胶相中，因此在向下移动的过程中，必须等待它们从凝胶颗粒内扩散至颗粒间隙后再进入另一凝胶颗粒，造成在柱内保留时间长，小分子物质的下移速度必然落后于大分子物质，从而使混合样品中分子大小不同的物质随洗脱液按顺序地流出柱外而得到分离。具有这种效应的物质很多，其中效果较好的有葡聚糖凝胶、琼脂糖凝胶等。

葡聚糖凝胶是最常用的一种凝胶，商品名为 Sephadex，是由细菌葡聚糖(又称右旋糖苷，dextran)通过交联剂 1-氯，2，3-环氧丙烷(表氯醇)交联而成的凝胶。在合成凝胶时，调节交联剂和葡聚糖的配比，可以获得不同大小网眼的凝胶。G 值表示交联度，G 值越小交联度越大，凝胶颗粒网眼越小，吸水量也少。Sephadex G-50 可用于分离相对分子质量 500～10 000 的蛋白质。

凝胶层析原理可简单用图 2-1 表示。

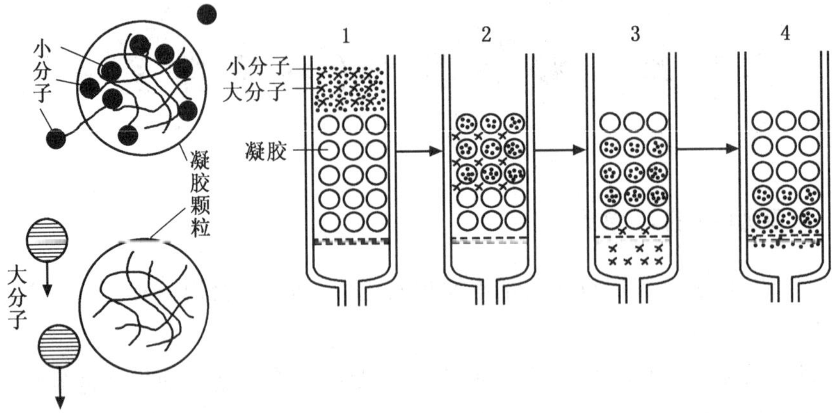

图 2-1　凝胶层析的简单原理

1.含有大小分子的样品液上柱　2.样品液流经层析柱，小分子通过扩散作用进入凝胶颗粒的微孔中，而大分子则被排阻于颗粒之外　3.向层析柱顶加入洗脱液，大小分子分开的距离增大　4.大分子物质行程较短，已流出层析柱，小分子物质尚在行进之中

二、实验用品

1.器材：层析柱(1 cm×20 cm)，胶头滴管，玻棒，烧杯(50 mL)等。

2.试剂：葡聚糖凝胶 G-50；蒸馏水；待分离样品：血红蛋白、铜溶液；铜溶液：3.70 g 硫酸铜溶于 10 mL 热蒸馏水中，冷却后稀释至 15 mL，另取柠檬酸钠 17.3 g 及碳酸钠($Na_2CO_3 \cdot H_2O$)10 g 加水 60 mL，加热使之溶解，冷却后稀释至 85 mL，最后把硫酸铜溶液缓缓倾入柠檬酸钠溶液中，混匀。

三、实验内容与操作

(一)凝胶的预处理

溶胀：商品凝胶是干燥的颗粒，使用前需将干颗粒在过量的洗脱液中充分溶胀。称取 Sephadex G-50 2 g 于 50 mL 小烧杯中，加 5～10 倍的洗脱剂溶胀。溶胀一般可以用两种方法：

自然溶胀：将凝胶放入洗脱剂后在室温下放置，一般至少需 24 h，有的需要数天。

热法溶胀：将浸泡的凝胶煮沸 1～2 h，一般即可充分溶胀。加热不仅可节约时间，而且可消除细菌污染及排除凝胶内部的空气。

用倾泻法除去混杂的细小颗粒,重复3～4次即可。

(二)装柱

取层析柱一支,然后加水充分赶气泡。将已经溶胀的凝胶小心地灌到柱中,最好一次装完,以免出现不均匀的凝胶带。为此,在装柱时,一要调整好凝胶的稠度,二要打开下端橡皮管上螺旋夹,并调节适当的流速(约每分钟10滴)至凝胶沉积约15 cm高度即可。操作过程中,应防止气泡与分层现象发生。如表层凝胶凹陷不平时,可关闭出口,用玻棒轻轻搅动,再让凝胶自然沉降,凝胶沉积后再打开出口。注意勿使凝胶面洗脱剂流干。

(三)样品制备

取血红蛋白和铜溶液各0.5 mL于小量杯中混匀。

(四)加样与洗脱

先打开出口,使洗脱剂(蒸馏水)流出至凝胶面上保留1～2 mm,用滴管将样品小心加到凝胶床表面上。加样时既不要破坏凝胶表面,也不要沿壁加样(样品易从壁和胶床间流下)。使样品进入,将1～2 mL蒸馏水加入柱中(蒸馏水不可多,防止样品稀释)。当此少量蒸馏水将要流干时,反复加入多量蒸馏水进行洗脱。注意勿使柱流干。

(五)收集

加蒸馏水洗脱,当有颜色溶液流出凝胶柱时,用小试管收集洗脱液,观察并记录洗脱过程凝胶柱的颜色变化。收集6～7管(2 mL/管),观察试管中溶液的颜色。

(六)凝胶的洗涤与保存

洗脱液收集完毕,用2～3倍柱床体积的蒸馏水通过凝胶柱洗干净凝胶,再将凝胶倒入小烧杯,加蒸馏水10 mL左右。最后交给老师作进一步处理保存。

四、注意事项

1. 在装柱过程中,勿使胶内或柱底端含有气泡,若有应驱赶出,或重新装柱。
2. 整个操作过程中,勿使柱内凝胶面洗脱剂流干。
3. 实验完毕后,应将处理好的凝胶交给老师,切勿丢弃。

五、作业与思考题

1. 利用图或表格形式描述各管收集液,并分析各是什么物质。
2. 利用凝胶层析法分离混合样时,怎样才能得到较好的分离效果?

实验三　血清蛋白质醋酸纤维素薄膜电泳

一、实验目的与原理

1. 目的：理解电泳技术的一般原理；学习利用醋酸纤维素薄膜电泳分离血清蛋白质的方法。

2. 原理：电泳是带电颗粒在电场作用下向着与其电性相反的电极移动。醋酸纤维素薄膜电泳是以醋酸纤维素薄膜作为支持物的电泳方法。醋酸纤维是纤维素的羟基乙酰化形成的纤维素醋酸酯，将它溶于有机溶剂（如丙酮、氯仿、氯乙烯、乙酸乙酯等）后，涂抹在薄薄的聚乙烯面上形成均匀的薄膜，则成为醋酸纤维素薄膜。该膜具有均一的泡沫状结构，渗透性强，对分子移动无阻力，厚度约 120 μm。用此膜为区带电泳的支持物进行蛋白质电泳，它具有微量、快速、简便、分辨力高、对样品无拖尾和吸附等优点，该技术广泛应用于血清蛋白、血红蛋白、糖蛋白、脂蛋白、结合球蛋白、同功酶的分离和测定等方面。

本实验以醋酸纤维素薄膜为电泳支持物，分离血清蛋白。血清中含有数种蛋白质，各种蛋白质由于氨基酸组分、立体构象、相对分子质量、等电点及形状不同，在电场中迁移速度不同。相对分子质量小、等电点低、带电荷多、质点直径越小、越接近于球形，在同一 pH 溶液中，泳动速度越快；反之，则越慢。因此，可利用电泳法将它们分离开来。例如，以醋酸纤维素薄膜为支持物，正常人或动物血清在 pH 8.6 的缓冲液体系中电泳 1 h 左右，染色后可显示 5 条区带或 7 条区带，一般 5 条区带。其中清蛋白泳动最快，其余依次为 α_1、α_2、β、γ-球蛋白（图 3-1），这些区带经洗脱后可用分光光度法定量，也可直接进行光吸收扫描，自动绘出区带吸收峰及相对百分比，临床医学常用它们间相对百分比的改变或异常区带的出现作为鉴别诊断的依据。

影响泳动速度的主要因素有：溶液的 pH，电场强度，溶液的离子强度，电渗现象和温度。

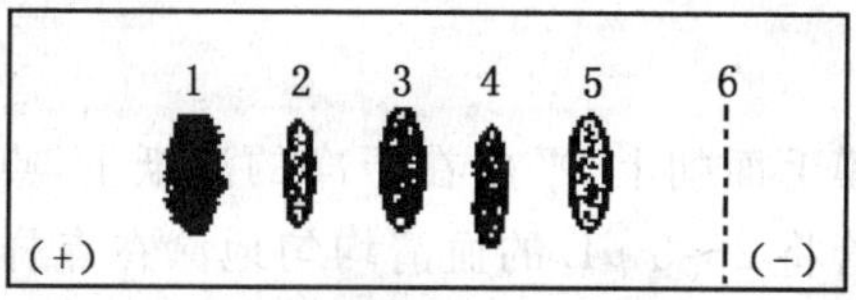

图 3-1　醋酸纤维素薄膜电泳示意图

1.清蛋白　2,3,4,5.依次为 α_1、α_2、β、γ-球蛋白　6.点样原点

表 3-1　血清中 5 种蛋白质的等电点及相对分子质量和百分含量

蛋白质	等电点 (p*I*)	相对分子质量 (MW)	百分含量 (%)
清蛋白	4.88	68 500	51～61
α_1-球蛋白	5.06	200 000	4～5
α_2-球蛋白	5.06	300 000	6～9
β-球蛋白	5.12	90 000～150 000	9～12
γ-球蛋白	6.85～7.56	156 000～300 000	15～20

二、实验用品

1.材料：未溶血的人或动物血清。

2.器材：醋酸纤维素薄膜(2 cm×8 cm)，电泳仪和电泳槽，培养皿，白瓷盘，镊子，点样器和点样管(自制)，直尺和铅笔，普通滤纸，吹风机。

3.试剂：巴比妥缓冲液(pH 8.6，离子强度 0.07)：称取巴比妥 2.76 g 和巴比妥钠 15.45 g，溶于少量蒸馏水后定容至 1 000 mL；染色液：称取氨基黑 10B 0.25 g，甲醇 50 mL，冰醋酸 10 mL，加蒸馏水 40 mL，混匀，在具塞试剂瓶内贮藏(可重复使用)；漂洗液：取 95%乙醇 45 mL，冰醋酸 5 mL，蒸馏水 50 mL，混匀即得；透明液：冰醋酸 15 mL 和无水乙醇 85 mL，混匀即得。

三、实验内容与操作

(一)薄膜的准备

用镊子取醋酸纤维素薄膜一张，放在盛有缓冲液中浸泡约 0.5 h 以上。若漂浮于液面的薄膜在 15～30 s 内迅速润湿，整条薄膜色泽深浅一致，则此膜均匀可用于电泳；若薄膜润湿缓慢，色泽深浅不一或有条纹及斑点，则表示薄膜厚度不均匀应弃去，以免影响效果。薄膜浸透后，用镊子轻轻取出，夹在两层滤纸内吸干，方可用于电泳。

(二)点样

将以上吸干的薄膜毛面朝上，平放在干净的滤纸上，点样区距一端为1.5 cm处，点样时，先用点样管将2～3 μL的血清均匀地涂在点样器表面(该点样器是由载玻片一端磨成具有斜面而成)，后用点样器上的血清“印”在薄膜的点样区内，注意应使血清均匀分布在点样区，形成具有一定宽度、粗细匀称的直线，切不可用力过大把薄膜弄破，事先可在滤纸上练习点样，掌握点样技术，是获得具有清晰区带电泳图谱的主要环节。

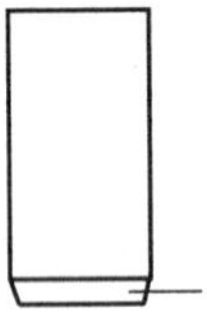

图 3-2 点样器示意图

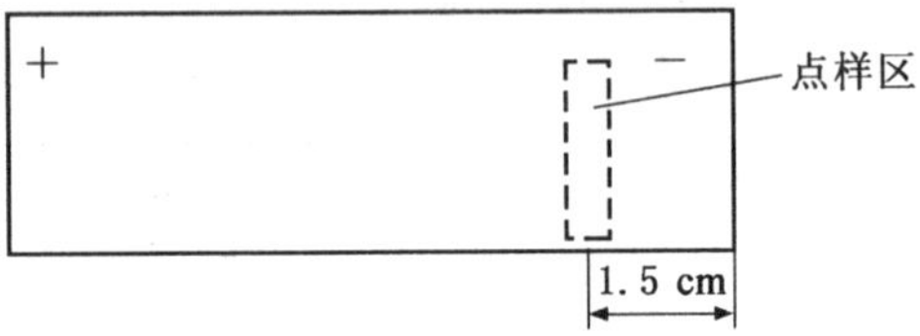

图 3-3 醋酸纤维素薄膜点样位置示意图

(三)电泳

在电泳槽内加入缓冲液，使两个电极槽内的液面等高，将膜条平悬于电泳槽支架的滤纸桥上(此滤纸桥是用尺寸合适的滤纸条，取双层附盖在电泳槽的支架上，使它的一端与支架的前沿对齐，而另一端浸入电泳槽的缓冲液内，使滤纸条紧贴在支架上，即为滤纸桥。它是联系醋酸纤维素薄膜和两极缓冲液之间的“桥梁”。)膜条上点样的一端靠近负极，毛面朝下，盖严电泳室。通电、调节电压90～110 V，电流0.4～0.7 mA/cm膜宽，电泳时间为45～60 min，在电泳过程中应注意控制电压和电流，防止过高或偏低。

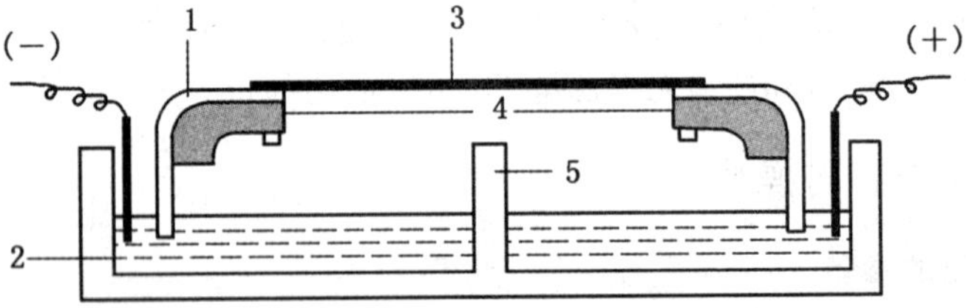

图 3-4 电泳装置剖视示意图

1. 滤纸桥 2. 电泳槽 3. 醋酸纤维素薄膜
4. 电泳槽支架 5. 电极室中央隔板

(四)染色和漂洗

电泳完毕立即取出薄膜，直接浸入染色液中，染色 5 min，取出。先用自来水细水冲洗，再在漂洗液中漂洗，连续更换 3 次漂洗液，可使背景颜色脱去得到色带清晰的电泳图谱。

(五)透明

将染色后漂洗干净的薄膜用电吹风吹干后，浸入透明液中 5～6 min 后取出，平贴在玻璃板上，不要存留气泡，放置 5 min 后，用吹风机将膜吹干。用刀片从膜的一角撬起，并划开一端，再用手捏住撬起的膜轻轻撕下，压平。此薄膜透明、区带着色清晰，可用于光吸收计扫描。长期保存不退色。

(六)结果判断与定量

一般血清蛋白电泳经染色后可显示 5 条区带，其排列顺序见图 3-1，未经透明处理的电泳图谱可直接用于定量测定，方法有两种：

洗脱法：将显色后的电泳区带依次剪下，并在阴极端剪一块与清蛋白区带面积相同的薄膜作为空白，分别浸于盛有 0.4 mol·L^{-1} NaOH 溶液的试管(清蛋白管加入 4 mL，其余每管各加 2 mL)摇匀，放入 37℃恒温水浴中浸提 30 min，每隔 10 min 摇动一次，以便将色泽完全洗脱下来，然后在 620 nm 波长处比色，测定各管的光密度值为 OD_m、OD_{α_1}、OD_{α_2}、OD_β、OD_γ，按下列方法计算血清各组分所占百分率。

计算光吸收值总和(简写为 T)：

$$T = 2 \times OD_m + OD_{\alpha_1} + OD_{\alpha_2} + OD_\beta + OD_\gamma$$

计算血清中各组分相对百分含量：

计算公式	正常值
清蛋白% $= 2\times OD_m/T\times 100$	54%～73%
α_1-球蛋白% $=OD_{\alpha_1}/T\times 100$	2.78%～5.1%
α_2-球蛋白% $=OD_{\alpha_2}/T\times 100$	6.3%～10.6%
β-球蛋白% $=OD_\beta/T\times 100$	5.2%～11%
γ-球蛋白% $=OD_\gamma/T\times 100$	12.5%～20%

光吸收扫描法：将染色干燥的血清蛋白醋酸纤维素薄膜电泳图谱放入自动光吸收扫描仪(或色谱扫描仪)内，未透明的薄膜通过反射、透明的薄膜通过透射方式进行扫描。在记录仪上自动绘出各组分的曲线图：横坐标为模的长度，纵坐标为光吸收值，每个峰代表一种蛋白组分。图 3-5 为扫描模式图。同时进行数据处理，以打字的方式显示各组分的相对百分含量。目前，临床检验多采用此法处理数据。

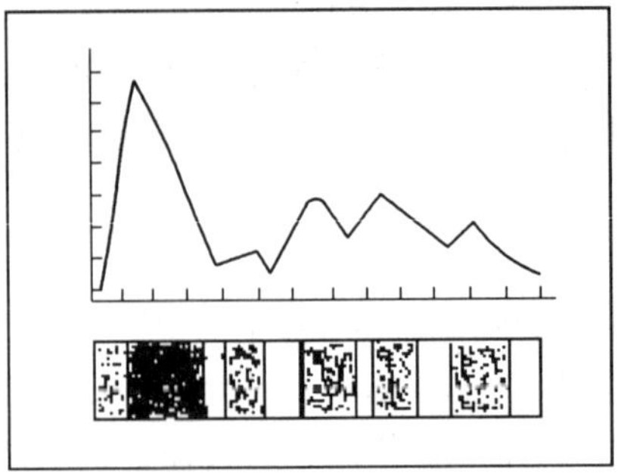

图 3-5 血清电泳扫描模式图

四、注意事项

1. 薄膜的浸润与选膜是电泳成败的关键之一。

2. 点样时，应将薄膜表面多余的缓冲液用滤纸吸去，吸水量以不干不湿为宜。

3. 点样时，动作要轻稳，用力不能太大，以免损坏膜片或印出凹陷影响区带分离效果。

4. 点样应点在薄膜的毛面上，点样适量，不宜过多或过少。

5. 电泳时应将薄膜的点样端靠近电泳槽的负极端，且点样面向下。

6. 应控制染色时间。时间长，薄膜底色不易脱去；时间太短，着色不易区分，或造成条带染色不均匀，必要时可进行复染。

五、作业与思考题

1. 做好本实验的关键步骤有哪些？为什么？

2. 为什么电泳时应将薄膜的点样端靠近电泳槽的负极端，而不是正极端？

3. 将你做的电泳图谱贴在实验报告上，标出各区带名称，并分析结果。并说明为什么这些区带按这种次序排列及对各区带的清晰程度加以分析。

4. 在给出的 pH 下，下述蛋白质在电场中向哪个方向移动？（即向阳极、阴极或不动）填入表中。

卵清蛋白（pI=4.6），在 pH 5.0；

β-乳球蛋白（pI=5.2），在 pH 5.0 和 pH 7.0；

糜蛋白酶原（pI=9.1），在 pH 5.0、pH 9.1 和 pH 11.0。

蛋白质	p*I*	pH 5.0	pH 7.0	pH 9.1	pH 11.0
卵清蛋白	4.6				
β-乳球蛋白	5.2				
糜蛋白酶原	9.1				

实验四　牛奶中酪蛋白的提取及测定

一、实验目的与原理

1. 目的：学习用等电点沉淀法从牛奶中制备酪蛋白的方法，加深对蛋白质等电点性质的理解；掌握 pH 沉淀反应测定蛋白质等电点的操作方法；学习双缩脲法定量测定蛋白质浓度的基本原理与技术。

2. 原理：蛋白质是一种稳定的亲水胶体，一方面由于在水溶液中蛋白质颗粒表面形成一个水化层；另一方面蛋白质颗粒在非等电点状态时带相同电荷，颗粒之间相互排斥，不致互相凝集沉淀。但是调节蛋白质溶液的 pH 值至等电点，此时若再加脱水剂或加热，蛋白质颗粒表面的电荷层和水化层被破坏，蛋白质分子就相互凝聚而析出。等电点沉淀法主要利用两性电解质分子在等电点时溶解度最低的原理，而多种两性电解质具有不同等电点而进行分离的一种方法。本实验借助观察在不同 pH 溶液中的溶解度以测定酪蛋白的等电点。用醋酸与醋酸钠（醋酸钠混合在酪蛋白溶液中）配制成各种不同 pH 值的缓冲液。向诸缓冲溶液中加入酪蛋白后，沉淀出现最多的缓冲液的 pH 值即为酪蛋白的等电点。

牛乳中主要的蛋白质是酪蛋白（含量约为 $35\ g \cdot L^{-1}$）。酪蛋白是一种含磷蛋白质的混合物，等电点约为 4.7。利用等电点时蛋白质溶解度最低的原理将牛乳的 pH 值调至 4.7 时，酪蛋白就沉淀出来。用乙醇洗涤沉淀，除去脂类杂质后便可得到较纯的酪蛋白。

但单独利用等电点沉淀法来分离生化产品效果并不太理想，因为即使在等电点时，有些两性物质仍有一定的溶解度，并不是所有的蛋白质在等电点时都能沉淀下来，特别是同一类两性物质的等电点十分接近时。生产中常与有机溶剂沉淀法、盐析法并用，这样沉淀的效果较好。

尿素加热，两分子尿素放出一分子氨而形成双缩脲（NH_2—CO—NH—CO—NH_2）。双缩脲在碱性溶液中与 Cu^{2+} 结合生成紫色络合物，这一呈色反应称为双缩脲反应。蛋白质分子中的肽键类似双缩脲结构，故也能呈双缩脲反应。反应如下：

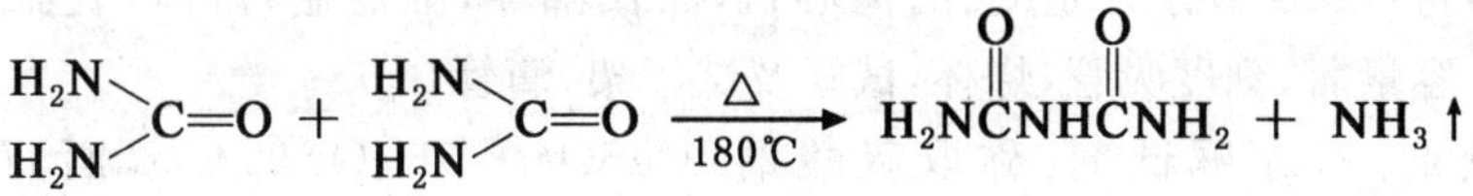

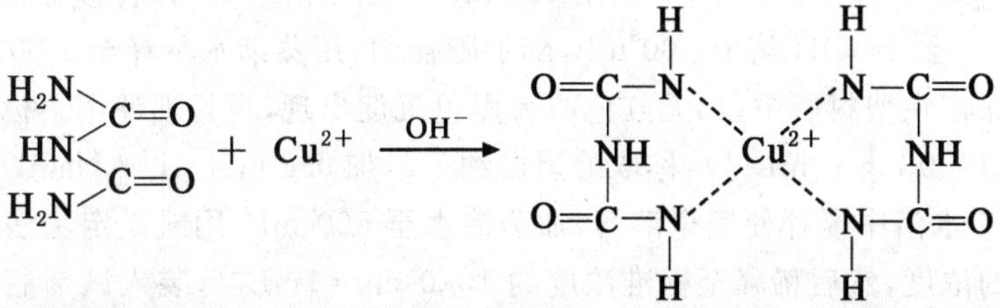

双缩脲　　　　　　双缩脲络合物

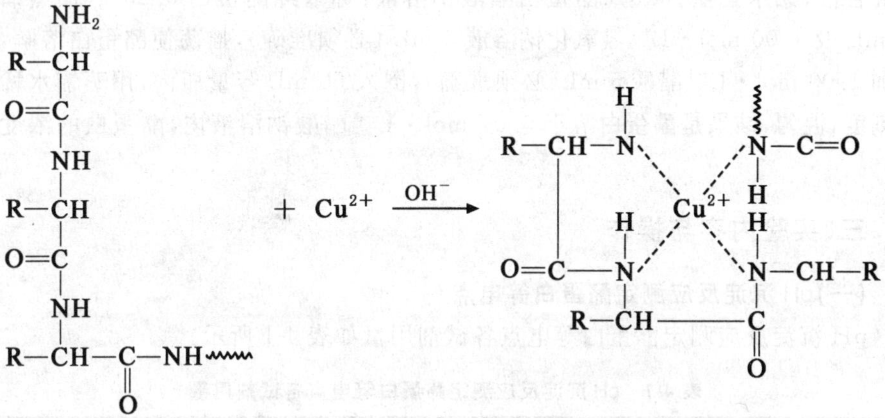

多肽链　　　　　　类双缩脲缩合物

在一定的浓度范围内,反应络合物颜色深浅与蛋白质含量呈线性关系。蛋白质浓度越高,体系的颜色越深。反应产物在 540 nm 处有最大光吸收。本实验通过绘制酪蛋白的标准曲线,可求得未知样品酪蛋白的浓度。

本法操作简便,迅速,蛋白质浓度与光密度的线性关系好,与蛋白质的相对分子质量及氨基酸成分无关,受蛋白质特异性影响较小,是蛋白质浓度分析的常用方法之一,但本法缺点是灵敏度较低,蛋白质量须在 1～20 $mg \cdot mL^{-1}$ 方有较佳结果。在需要快速,但准确性要求不高的测定中,常用此法。

二、实验用品

1. 材料:消毒牛奶。

2. 器材：722S型分光光度计，离心机，布氏漏斗，抽滤瓶，研钵，表面皿，温度计，量筒，容量瓶，刻度吸管，烧杯，试管及试管架，滴管。

3. 试剂：双缩脲试剂：称取硫酸铜（$CuSO_4 \cdot 5H_2O$）2.0 g，酒石酸钾钠（$KNaC_4H_4O_6 \cdot 4H_2O$）6.0 g，分别用250 mL蒸馏水溶解，一并转移至容量瓶中混合，再加入10% NaOH溶液300 mL，随加随摇匀，用蒸馏水稀释至1 000 mL。此试剂最好保存在塑料瓶中，如无红色或者黑色沉淀出现，可长期使用。标准浓度酪蛋白溶液（10.0 mg·mL^{-1}）：称取酪蛋白约7 g，加0.2 mol·L^{-1} NaOH 250 mL，于40～50℃水浴中搅拌使完全溶解，加蒸馏水至500 mL，用凯氏定氮法测定该蛋白质溶液的浓度，然后稀释至标准浓度约10.0 mg·mL^{-1}，装入试剂瓶，－4℃保存备用。95%乙醇；0.2 mol·L^{-1} pH 4.7醋酸-醋酸钠缓冲溶液；乙醇-乙醚等体积混合液；无水乙醚；0.5%酪蛋白醋酸钠溶液：称取纯酪蛋白0.25 g，加蒸馏水20 mL及1.00 mol·L^{-1}氢氧化钠溶液5 mL（必须准确），摇荡使酪蛋白溶解，然后加1.00 mol·L^{-1}醋酸5 mL（必须准确），倒入50 mL容量瓶内，用蒸馏水稀释至刻度，混匀，结果是酪蛋白溶于0.01 mol·L^{-1}醋酸钠溶液内，酪蛋白的浓度为0.5%。

三、实验内容与操作

（一）pH沉淀反应测定酪蛋白等电点

pH沉淀反应测定酪蛋白等电点各试剂用量如表4-1所示。

表4-1 pH沉淀反应测定酪蛋白等电点各试剂用量

项目	管号				
	1	2	3	4	5
水(mL)	3.4	3.7	3.0	—	2.4
0.01 mol·L^{-1}醋酸(mL)	0.6	—	—	—	—
0.1 mol·L^{-1}醋酸(mL)	—	0.3	1.0	4.0	—
1.0 mol·L^{-1}醋酸(mL)	—	—	—	—	1.6
0.5%酪蛋白醋酸钠溶液(mL)	1.0	1.0	1.0	1.0	1.0
溶液的最终pH	5.9	5.3	4.7	4.1	3.5
溶液混浊沉淀程度					
酪蛋白带何种电荷					

试管中加酪蛋白的醋酸钠溶液后充分摇匀，静置15 min后，再观察其混浊度或沉淀情况，以“＋、＋＋、＋＋＋、－”等符号表示并记录。最混浊的一管的pH即为酪蛋白的等电点。

(二)牛奶中酪蛋白的提取

取预先放冰箱中冷却的消毒牛奶 6 mL，3 000 r·min^{-1}离心 10 min，除去脂肪层的乳液置 50 mL 烧杯内，加热至 40℃左右，在搅拌下慢慢加入 10 mL 左右预热的醋酸-醋酸钠缓冲液，此时混浊液中有大量絮状物沉下。冷至室温，3 000 r·min^{-1}离心 10 min，弃去上清液，得酪蛋白粗品。

用蒸馏水洗沉淀 3 次(每次 5 mL 左右)，3 000 r·min^{-1}离心 10 min，弃去上清液。

将沉淀置研钵中，研碎后，渐加 5 mL 95%乙醇，静置片刻，将全部悬浮液转移至布氏漏斗抽滤，抽干后的制品，用乙醇-乙醚混合液洗沉淀 2 次(每次 5 mL)，最后用无水乙醚洗沉淀 2 次(每次 5 mL)，抽干。

将沉淀摊开在表面皿上，风干，得酪蛋白制品(称重，记录)。

(三)双缩脲法测定酪蛋白浓度

标准曲线的制作：取 6 支试管按表 4-1 编号并加入各试剂。

表 4-2　制作酪蛋白标准曲线时各试剂用量　mL

试剂	管号					
	0	1	2	3	4	5
标准酪蛋白	0	0.2	0.4	0.6	0.8	1.0
水	1.0	0.8	0.6	0.4	0.2	0
双缩脲试剂	4.0	4.0	4.0	4.0	4.0	4.0

每加一种试液均须混匀，加毕后于室温放置 30 min，然后以 0 号管作为空白对照管，540 nm 处测定各管 *OD* 值。以标准酪蛋白含量(mg)为横坐标，OD_{540}值为纵坐标，绘制标准曲线。

样品中酪蛋白测定：称取从牛奶中提取的酪蛋白 0.1 g，置 100 mL 烧杯中，加 5 mL 0.2 mol·L^{-1}氢氧化钠溶液，搅匀，隔水加热，溶解后转移至 100 mL 容量瓶中，用少量蒸馏水洗烧杯数次，洗液并入容量瓶中，最后加水至刻度处，摇匀，置冰箱中保存备用。

样品中酪蛋白的测定方法步骤与上述标准曲线制作过程的 5 号管相同，仅用配制的酪蛋白溶液 1.0 mL 代替标准酪蛋白，样品重复测定 3 管。

标准曲线的制作与样品酪蛋白测定过程是同时进行的。

根据测定的样品酪蛋白的OD_{540}值，在标准曲线上查出其对应的蛋白毫克数，即为所测酪蛋白溶液的质量浓度(mg·mL^{-1})。

四、注意事项

凡含有一个肽键和一个—$CSNH_2$、—$CRHNH_2$、—$CHNH_2$—$CHNH_2$—CH_2OH、—CHOH—CH_2OH、—CHOH—CH_2NH及乙二酰二胺等物质都会发生双缩脲反应，因而，有此反应的物质不一定都是蛋白质或多肽。

五、作业与思考题

1. 何谓蛋白质等电点？为何蛋白质在等电点时溶解度最低？

2. 计算酪蛋白提取得率(得率％＝测定含量/理论含量×100，式中测定含量：酪蛋白克数/100 mL，牛奶理论含量 3.5 g/100 mL 牛奶)。

3. 计算双缩脲法测定的酪蛋白浓度。

实验五　谷物种子中赖氨酸含量的测定

一、实验目的与原理

1. 目的：学习用茚三酮比色法测定种子蛋白质赖氨酸含量的原理和方法。

2. 原理：赖氨酸是人和动物必需的一种氨基酸。缺乏赖氨酸会影响人和动物的正常发育，造成机体代谢紊乱，引发一些生理机能性疾病。因其在大多数谷物中含量不高或缺乏，故常被称为第一限制性氨基酸。谷物赖氨酸含量是判断谷物产品质量的重要指标之一，提高谷物种子赖氨酸含量成为谷物新品种选育的重要目标。目前国内外谷物赖氨酸含量测定主要采用化学分析法和仪器分析法。化学分析法主要有染料结合赖氨酸法（DBL 法）和茚三酮比色法。仪器分析法主要有氨基酸分析仪分析法和近红外光谱分析法（NIRS）。DBL 法经典，但需要配套蛋白质分析仪或赖氨酸分析仪，需用较大量的样品，并且所需染料试剂较难购买。本实验采用茚三酮比色法，在实验室对样品中赖氨酸含量进行简便、快速、经济、准确的分析测定。

谷物赖氨酸的游离 ε-氨基与茚三酮（水合）试剂加热反应，发生氨化、脱氨、脱羧作用，生成蓝紫色物质，反应后颜色的深浅与蛋白质中赖氨酸的含量在一定范围内呈线性关系。亮氨酸与赖氨酸所含碳原子数目相同，且与肽链中的赖氨酸残基一样含有一个游离氨基，所以通常用亮氨酸配制标准溶液。反应式如下：

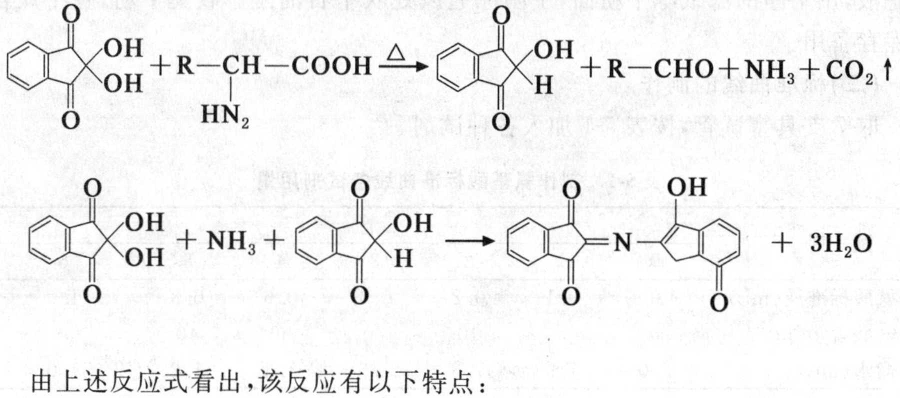

由上述反应式看出，该反应有以下特点：

反应第1步是水合茚三酮的还原。为阻止还原型茚三酮被氧化，常在反应体系中加入的还原剂有氯化亚锡、抗坏血酸、氯化镉及氰酸盐等。

反应第2步是脱水缩合，反应介质中水的量会影响终产物的浓度及稳定性，因此，反应完毕即向反应体系中加入一定量有机溶剂以稳定反应产物。

氨参与该反应，为防止反应受干扰，应保证实验用水和各种试剂不被氨所污染。

该反应在微酸高温条件下进行，缓冲液体系最适pH 5.0。

二、实验用品

1. 材料：玉米种子。

2. 器材：722型分光光度计，天平，恒温水浴锅，具塞试管，移液管，玻棒，滤纸，漏斗，容量瓶。

3. 试剂：95%乙醇；4%碳酸钠、2%碳酸钠；亮氨酸标准液：准确称取5 mg亮氨酸，加数滴0.02 mol・L^{-1}盐酸溶解，用蒸馏水定容至100 mL。茚三酮试剂：称1 g茚三酮溶于25 mL 95%乙醇。称40 mg二氯化锡溶于25 mL柠檬酸缓冲液中，将两液混合摇匀，滤去沉淀，上清液置冰箱保存备用。0.2 mol・L^{-1}柠檬酸缓冲液(pH 5.0)。

三、实验内容与操作

(一)样品处理

将玉米种子粉碎，过100目筛，收集细粉，放入烧杯，加入沸程60～90℃的石油醚，浸没粉面，泡8 h，多次搅拌脱脂。然后过滤，并用石油醚淋洗粉面若干次，弃滤液，用干净的滤纸晾干粉面，于阴凉通风处吹干石油醚。收集干粉，置干燥器内保存备用。

(二)标准曲线的制作

取7支具塞试管，按表5-1加入各种试剂。

表5-1 制作氨基酸标准曲线各试剂用量

试剂	管号						
	0	1	2	3	4	5	6
亮氨酸标准液(mL)	0	0.1	0.2	0.4	0.6	0.8	1.0
亮氨酸含量(μg)	0	5	10	20	30	40	50
蒸馏水(mL)	2.0	1.9	1.8	1.6	1.4	1.2	1.0

再向上述每支试管加入 4%碳酸钠和茚三酮试剂各 2.0 mL,加塞混匀,于 80℃水浴中加热 30 min,流水迅速冷却至室温,立即向各支试管中加 95%乙醇 3.0 mL,混匀,于 530 nm 下测定其光密度(以 0 号管为空白对照)。以光密度为纵坐标,亮氨酸含量为横坐标,绘制标准曲线。

(三)样品的测定

取 30 mg 脱脂玉米粉于具塞试管内,加 2%碳酸钠 4.0 mL 于 80℃水浴中提取 20 min,然后加茚三酮试剂 2.0 mL,继续 80℃水浴中保温显色 30 min,冷却后加 95%乙醇 3.0 mL,混匀过滤,滤液于 530 nm 下比色。

(四)结果计算

$$样品中赖氨酸的含量=\frac{X\times a\times 10^{-3}}{W}\times 100\%$$

式中:X——从标准曲线上查得的亮氨酸微克数;

a——样液稀释倍数;

W——样品重(mg)。

因亮氨酸与赖氨酸的相对分子质量不同,故计算时需乘以校正系数 1.151 5。另外,还应从最后结果中减去游离氨基酸的含量。各种作物种子中游离氨基酸的含量不同:玉米 0.04%,小麦 0.05%,高粱 0.04%,水稻 0.01%。

四、注意事项

1. 样品处理过程中杯壁要干燥。
2. 水浴时要用具塞试管。

五、作业与思考题

氨基酸与茚三酮反应非常灵敏,几微克氨基酸就能显色。由于蛋白质和多肽中的游离氨基也会产生同样反应,对于含大量蛋白质和多肽的样品应如何减少测定干扰?

实验六　SDS-聚丙烯酰胺凝胶电泳法测定蛋白质亚基的相对分子质量

一、实验目的与原理

1. 目的：学习和掌握 SDS-聚丙烯酰胺凝胶电泳法测定蛋白质亚基相对分子质量的原理和方法。

2. 原理：十二烷基硫酸钠-聚丙烯酰胺凝胶电泳（sodium dodecyl sulphate-polyacrylamide gelelectrophoresis，简称 SDS-PAGE）是传统的检测蛋白质亚基相对分子质量的方法之一，具有仪器简单、操作简便、重复性好等特点，误差一般在±10%内，用途广泛，除可测定蛋白质亚基的相对分子质量之外，还可以用于变性蛋白质的分离、蛋白质分离纯化中各步骤的质量控制等。

SDS 是一种有效的阴离子去污剂，它在水溶液中以单体和分子团的混合形式存在，能破坏蛋白质分子中的氢键和疏水作用，并结合到蛋白质分子上，使分子去折叠，破坏蛋白质分子内的二级结构和三级结构，使蛋白质变性而改变原有的空间构象。巯基乙醇是一种强还原剂，它的作用是使蛋白质分子中的二硫键打开并不易再氧化。在样品中同时加入 SDS 和巯基乙醇后，寡聚蛋白质分子被解聚成多肽链，形成单链分子。单体蛋白和解聚后的蛋白质亚基能与 SDS 充分结合，形成带负电荷的蛋白质-SDS 复合物。

在一定条件下，SDS 与大多数蛋白质的结合比为 1.4 gSDS/1 g 蛋白质。由于十二烷基硫酸根所带负电荷量大大超过了蛋白质分子原有的净电荷量，从而消除了各种蛋白质分子之间的天然电荷差异。SDS 与蛋白质结合后，还引起蛋白质构象的改变，SDS-蛋白质复合物在水溶液中的形状被认为是近似雪茄烟形的长椭圆棒，不同蛋白质的 SDS 复合物的短轴长度都是一样的约为 1.8 nm，而长轴长度则随蛋白质相对分子质量的变化成正比例变化。因此，SDS-蛋白质复合物在 SDS-PAGE 中的迁移率主要取决于蛋白质亚基的相对分子质量大小，而其他因素对迁移率的影响几乎可以忽略不计。实验证实当单体蛋白质或蛋白质亚基相对分子质量在15 000～200 000 之间时，单体蛋白质或亚基的相对分子质量与电泳迁移率呈线性关系，可用下式表示：

$$\lg M_w = K - bm_R$$

式中：M_w——单体蛋白质或蛋白质亚基的相对分子质量；

K——截距；

m_R——电泳的相对迁移率；

b——斜率。

若测定某未知蛋白质的相对分子质量，只需用已知相对分子质量的标准蛋白质的迁移率对相对分子质量的对数作图，得到一条标准曲线，未知蛋白质在相同条件下电泳，得到样品电泳迁移率，在标准曲线上查得相对应的相对分子质量，即为未知蛋白质相对分子质量。

二、实验用品

1. 器材：夹心式垂直板电泳槽，直流稳压电泳仪（电压 300～600 V，电流 50～100 mA），移液管（1，5，10 mL），烧杯（25，50，100 mL），细长头的吸管，微量注射器，染色缸。

2. 试剂：标准蛋白质：低相对分子质量标准蛋白，组分为兔磷酸化酶 B（97 400），牛血清蛋白（66 200），鸡卵清蛋白（42 700），牛碳酸酐酶（31 000），鸡蛋清溶菌酶（14 000）；30%分离胶贮存液：称取 30 g Acr，0.8 g Bis，加重蒸水至 100 mL，过滤后置棕色瓶于 4℃贮存。10%浓缩胶贮存液：10 g Acr，0.5 g Bis，加重蒸水至 100 mL，过滤后置棕色瓶于 4℃贮存。分离胶缓冲液（3.0 mol·L^{-1} Tris-HCl 缓冲液 pH 8.9）：取 1 mol·L^{-1}盐酸 48 mL，Tris 36.3 g，用无离子水溶解后定容至 100 mL。浓缩胶缓冲液（0.5 mol·L^{-1} Tris-HCl 缓冲液 pH 6.7）：取 1 mol·L^{-1}盐酸 48 mL，Tris 5.98 g，用无离子水溶解后定容至 100 mL；电泳缓冲液（0.384 mol·L^{-1} Tris-甘氨酸缓冲液 pH 8.3，内含 0.1%的 SDS，0.05 mol·L^{-1}的 Tris）：称取 Tris 6.0 g，甘氨酸 28.8 g，SDS 1.0 g，用无离子水溶解后定容至 1 000 mL。1×样品溶解液：取 SDS 100 mg，巯基乙醇 0.1 mL，甘油1 mL，溴酚蓝 2 mg，0.2 mol·L^{-1}，pH 7.2 磷酸缓冲液 0.5 mL，加重蒸水至 10 mL。染色液：1.25 g 考马斯亮蓝 R-250，加入 454 mL 50%甲醇溶液和 46 mL 冰乙酸，过滤后使用。脱色液：冰乙酸 75 mL，甲醇 50 mL，加蒸馏水定容至 1 000 mL。10%过硫酸铵溶液：称取过硫酸铵 1 g，用蒸馏水溶解定容至 100 mL。10%SDS 溶液：称取 SDS 1 g，用蒸馏水溶解定容至 100 mL。TEMED。

三、实验内容与操作

(一)安装电泳槽

按照电泳槽的使用说明安装电泳槽。

(二)制备凝胶板

分离胶制备:根据待分离样品的分子大小,选用一定浓度的分离胶,按照表6-1配制凝胶混合液,用磁力搅拌器充分混匀 2 min。本实验选用的分离胶浓度为12%,混合后的凝胶溶液,用细长头的吸管加至长、短玻璃板间的窄缝内,加胶高度距样品模板梳齿下缘约 1 cm。用吸管在凝胶表面沿短玻璃板边缘轻轻加一层重蒸馏水(3~4 cm),用于隔绝空气,使胶面平整。分离胶聚合后,可看到水与凝固的胶面有折射率不同的界限。待胶凝固后,倒掉重蒸水,用滤纸吸去多余的水。

表 6-1 SDS 不连续系统分离胶的配方

溶液成分	10 mL 凝胶液中各成分所需体积(c=3%)				
	T=6%	T=7.5%	T=10%	T=12%	T=15%
去离子水(mL)	5.3	4.8	4.0	3.3	2.3
30%的凝胶贮存液(mL)	2.0	2.5	3.3	4.0	5.0
分离胶缓冲液贮存液(mL)	2.5	2.5	2.5	2.5	2.5
溶液真空抽气 15 min					
10%SDS(mL)	0.1	0.1	0.1	0.1	0.1
10%AP(μL)	50	50	50	50	50
TEMED(mL)	8	6	4	4	4

浓缩胶制备:根据所测定的蛋白质相对分子质量的范围,选择相应的浓缩胶的浓度,本实验中选择的浓缩胶浓度为3%。取浓缩胶贮存液 3.0 mL,Tris-HCl 缓冲液(pH 6.7)1.25 mL,10%的 SDS 0.1 mL,TEMED 5 μL,5.60 mL 重蒸水,10% 过硫酸铵 50 μL,用磁力搅拌器充分混匀。混合均匀后用细长头的吸管将凝胶溶液加到长短玻璃板的窄缝内(及分离胶上方),距短玻璃板上缘 0.5 cm 处,轻轻加入样品槽模板。待浓缩胶凝固后,轻轻取出样品模槽板,用手夹住两块玻璃板,上提斜插板,使其松开,然后取下玻璃胶室去掉密封用胶框,用 1%电泳缓冲液琼脂胶密封底部,再将玻璃胶室凹面朝里置入电泳槽。插入斜插板,将电泳缓冲液加至内槽玻璃凹口以上,外槽缓冲液加到距平玻璃上沿 3 mm 处。

(三)样品处理

各标准蛋白及待测蛋白都用样品溶解液溶解,若待测样品是溶液,可用较高浓度的样品溶液（2×或4×），按照比例与待测样品混合，使浓度为0.5 mg·mL^{-1}，沸水浴加热3～5 min，冷却至室温备用。处理好的样品液如经长期存放，使用前应再在沸水浴中加热1 min，以消除亚稳态聚合。

（四）加样

一般加样体积为10～15 μL（即2～10 μg蛋白质）。如样品较稀，可增加加样体积。用微量注射器小心将样品通过缓冲液加到凝胶凹形样品槽底部，每加完一个样品应洗涤加样注射器，最后在所有不用的样品槽中加上等体积的样品溶解液，待所有凹形样品槽内都加了样品，即可开始电泳。

（五）电泳

将直流稳压电泳仪开关打开，开始时将电流调至10 mA。待样品进入分离胶时，将电流调至20～30 mA。当蓝色染料迁移至底部时，将电流调回到零，关闭电源。拔掉固定板，取出玻璃板，用刀片轻轻将一块玻璃撬开移去，在胶板一端切除一角作为标记，将胶板移至大培养皿中染色。

（六）染色及脱色

将染色液倒入培养皿中，染色1 h左右，用蒸馏水漂洗数次，再用脱色液脱色，直到蛋白区带清晰，即可计算相对迁移率，见图6-1。

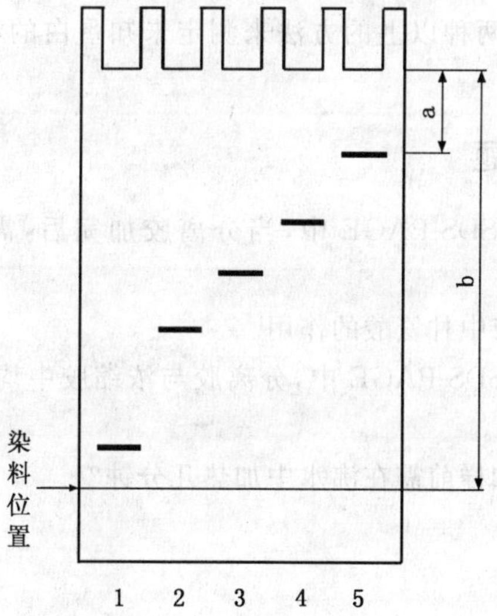

图6-1　SDS-PAGE图谱

a：电泳条带移动的距离　b：溴酚蓝移动的距离

(七)相对分子质量计算

通常以相对迁移率 R_f 来表示迁移率,计算如下:

$$R_f = \text{样品移动距离(mm)/溴酚蓝移动距离(mm)}$$

以各标准蛋白质样品迁移率作横坐标,相对分子质量的对数作纵坐标。在半对数坐标纸上作图,得到标准曲线,根据待测样品的相对迁移率从标准曲线上查出相对分子质量。

四、注意事项

1. 凝胶配制过程要迅速,催化剂 TEMED 要在注胶前再加入,否则凝胶凝结无法注胶。注胶过程最好一次性完成,避免产生气泡。

2. 样梳需一次平稳插入,梳口处不得有气泡,梳底需水平。

3. 加样时注射器不可过低,以防刺破胶体,也不可过高,在样下沉时会发生扩散。为避免边缘效应,最好选用中部的孔注样。

4. 不是所有的蛋白质都可以利用 SDS-PAGE 的方法来测定相对分子质量,带有较大辅基的蛋白质(如某些糖蛋白)以及一些结构蛋白(乳胶原蛋白)等用这种方法测出的相对分子质量是不可靠的。因此,在分析 SDS-PAGE 的结果时,不能盲目下结论,一般至少用两种以上的方法来测定未知蛋白的相对分子质量,以相互验证。

五、作业与思考题

1. 在不连续体系 SDS-PAGE 中,当分离胶加完后,需在其上加一层水,为什么?

2. 简述电极缓冲液中甘氨酸的作用。

3. 在不连续体系 SDS-PAGE 中,分离胶与浓缩胶中均含有 TEMED 和 AP,试述其作用。

4. 样品液为何在加样前需在沸水中加热几分钟?

实验七　3,5-二硝基水杨酸比色定糖法

一、实验目的与原理

1.目的:掌握3,5-二硝基水杨酸比色定糖法的原理及方法,用3,5-二硝基水杨酸定糖法测定植物材料中的还原糖,熟悉721或722S型分光光度计的原理及使用方法。

2.原理:糖的测定方法有物理和化学两类。由于化学方法比较准确,常常使用。还原糖的测定是糖定量测定的基本方法。还原糖是指含有自由醛基和酮基的糖类,3,5-二硝基水杨酸与还原糖共热后被还原成棕红色的氨基化合物,在一定范围内,棕红色物质颜色的深浅程度与还原糖的量成正比。因此,可以利用比色法测定样品中还原糖以及总糖的量。半微量定糖法,操作简便、快速,杂质干扰较少。

二、实验用品

1.材料:青菜叶或苹果(去皮)。

2.器材:721或722S型分光光度计,恒温水浴锅,大试管和大试管架,容量瓶(100 mL),玻璃漏斗和纱布、滤纸,移液管和移液管架。

3.试剂:3,5-二硝基水杨酸(DNS)试剂:6.3 g DNS和262 mL 2 mol·L^{-1} NaOH,加到500 mL含有182 g酒石酸钾钠的热水溶液中,再加5 g重蒸酚和5 g亚硫酸钠,搅拌溶液,冷却后加水定容至1 000 mL,贮于棕色瓶中。0.1%葡萄糖标准液:准确称取100 mg分析纯的葡萄糖(预先在105℃干燥至恒温),用少量蒸馏水溶解后定容至100 mL,置于冰箱保存备用。

三、实验内容与操作

(一)样品中还原糖的提取

称取青菜叶5 g或苹果0.5 g(去皮)加石英砂少许于研钵中研磨,加30 mL蒸馏水洗研钵并移至大试管,放入50℃恒温水浴锅中保温30 min。保温完毕先用纱布过滤,再用滤纸过滤,移入100 mL容量瓶,蒸馏水定容备用。

(二)葡萄糖标准曲线的制作

取7支大试管分别按表7-1顺序加入各种试剂。

表 7-1 制作葡萄糖标准曲线时各试剂用量

项目	空白	管号					
		1	2	3	4	5	6
含糖总量(mg)	0	0.4	0.6	0.8	1.0	1.2	1.4
葡萄糖液(mL)	0	0.4	0.6	0.8	1.0	1.2	1.4
蒸馏水(mL)	2.0	1.6	1.4	1.2	1.0	0.8	0.6
DNS 试剂(mL)	1.5	1.5	1.5	1.5	1.5	1.5	1.5
加热	均在沸水浴中加热 5 min						
冷却	立即用流动冷水冷却						
蒸馏水(mL)	21.5	21.5	21.5	21.5	21.5	21.5	21.5
光密度(OD_{520})							

将以上各管溶液混匀后，在 721 或 722S 型分光光度计(520 nm)进行比色测定，用空白管溶液调零点，记录光密度值，以葡萄糖浓度为横坐标，光密度为纵坐标，绘制出标准曲线。

(三)样品中含糖量的测定

取 4 支大试管，分别按表 7-2 加入各种试剂。

表 7-2 测定样品中含糖量时各试剂用量

项目	空白	管号		
		1	2	3
样品量(mL)	0	1.0	1.0	1.0
蒸馏水(mL)	2.0	1.0	1.0	1.0
DNS 试剂(mL)	1.5	1.5	1.5	1.5
加热	均在沸水浴中加热 5 min			
冷却	立即用流动冷水冷却			
蒸馏水(mL)	21.5	21.5	21.5	21.5
光密度(OD_{520})				

将各管混匀后，按制作标准曲线时同样的操作测定各管的光密度，在标准曲线上查出相应的还原糖含量，按下述公式计算出青菜叶或苹果内还原糖的百分含量。

$$\text{还原糖}=\frac{\text{还原糖毫克数}\times\text{样品稀释倍数}}{\text{样品重量}}\times 100\%$$

四、注意事项

1. 实验过程中所有的试管要干净,加入各种试剂量要准确。
2. 过滤前,纱布要洗净、拧干。

五、作业与思考题

1. 写出 3,5-二硝基水杨酸的化学结构式。
2. 用分光光度计比色测定时为什么要设空白管?
3. 如何减少该实验误差,提高测定准确度?

实验八　邻甲苯胺法测定血糖

一、实验目的与原理

1. 目的：掌握血糖的概念，了解血糖测定的意义，掌握邻甲苯胺法测定血糖的原理和方法，学习绘制标准曲线。

2. 原理：血糖指血中的葡萄糖，主要来自食物，血糖水平恒定维持在 4.5～5.5 $mmol \cdot L^{-1}$之间，这是进出血液的葡萄糖平衡的结果。血糖水平保持稳定既是糖、脂肪、氨基酸代谢协调的结果，也是肝、肌肉、脂肪组织等各器官组织代谢协调的结果，对维持机体的正常生理功能有重要意义。

血样中的葡萄糖在热的强酸溶液中，脱水生成 5-羟甲基-2-呋喃甲醛，后者与邻甲苯胺缩合成蓝色的醛亚胺（Schiff 氏碱）有色化合物，吸收峰在 630 nm，颜色深浅与葡萄糖含量成正比，可比色定量测定。其反应式如下：

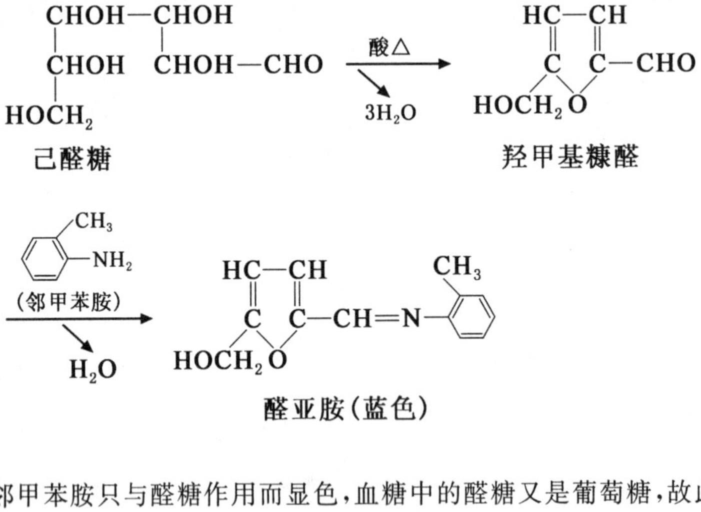

由于邻甲苯胺只与醛糖作用而显色，血糖中的醛糖又是葡萄糖，故此种测定法不受血液中其他还原物质的干扰，测定时也无需去除血浆或血清中的蛋白质。此法测出的血糖接近真正的葡萄糖，血浆或血清中葡萄糖的正常值为 0.7～1.0 $mg \cdot mL^{-1}$。

二、实验用品

1. 材料:新鲜血液样品(抗凝)。

2. 器材:试管及试管架,刻度吸量管,容量瓶,分光光度计,水浴锅。

3. 试剂:饱和苯甲酸溶液:称取苯甲酸 2.5 g,加入蒸馏水 1 000 mL,煮沸使之溶解,冷却后盛于试剂瓶中。葡萄糖贮存液(10.0 mg·mL^{-1}):称取已干燥的无水葡萄糖1.0 g,以饱和苯甲酸溶液定容至100 mL,2 h以后方可使用,置冰箱中可长期保存。邻甲苯胺试剂:称硫脲(A. R.)2.5 g溶于冰乙酸(A. R.)750 mL,将此溶液移入1 000 mL容量瓶内,加邻甲苯胺 150 mL,2.4%硼酸溶液 100 mL,加冰乙酸定容至1 000 mL。此溶液应置于棕色瓶内室温保存,至少可应用2个月。新配制试剂应放置 24 h后待老化使用,否则反应产物的吸光度低。

三、实验内容与操作

1. 新鲜抗凝全血样品 2 500 r· min^{-1}离心 15 min,分离血浆备用。

2. 葡萄糖标准液的配制:取 10 mL 容量瓶 5 只,分别编号 1,2,3,4,5,依次加入葡萄糖贮存液 0.5 mL、1.0 mL、2.0 mL、3.0 mL 和 4.0 mL,再以饱和苯甲酸溶液稀释至刻度,混匀,即成葡萄糖标准液,其浓度依次为 0.5 mg·mL^{-1}、1 mg·mL^{-1}、2 mg·mL^{-1}、3 mg·mL^{-1}和 4 mg·mL^{-1}。

3. 血糖的测定:各管按表 8-1 加入试剂,并进行操作。

表 8-1 测定样品血糖量时各试剂用量 mL

试剂	空白	测定管	标准管				
			1	2	3	4	5
蒸馏水	0.1						
葡萄糖应用标准液			0.1	0.1	0.1	0.1	0.1
血浆		0.1					
邻甲苯胺	5.0	5.0	5.0	5.0	5.0	5.0	5.0
加热	均在沸水浴中加热 5 min						
冷却	立即用流动冷水冷却						
光密度(OD_{630})							

将以上各管在分光光度计上进行比色,以空白管校正吸光度零点、读取各管 630 nm 波长的吸光度。以 1,2,3,4,5 管吸光度作纵坐标,葡萄糖含量作横坐标,绘制出标准曲线。测出测定管光密度值后,在标准曲线上查出待测样品相应的血

糖含量。

四、注意事项

1. 测定液的呈色强度与反应条件有关，邻甲苯胺的批号、邻甲苯胺试剂的新老（如试剂配制后过久，呈色变浅）以及加热温度和加热时间等都会影响显色强度。

2. 最终反应液偶尔会产生混浊，最常见原因是血脂的影响。此时，可向显色液中加入 1.5 mL 异丙醇，充分混匀，溶解脂质可消除浊度，所测吸光度乘以 1.5。

五、作业与思考题

1. 标准曲线的制作是否可长期使用？为什么？

2. 血糖比色测定过程中为什么立即用流动冷水冷却？

实验九　酶的化学特性

一、实验目的与原理

1. 目的：掌握检测酶特异性的方法原理，了解酶的化学特性，学会排除干扰因素，设计酶学实验。

2. 原理：酶是活细胞产生的，具有蛋白质性质的“生物催化剂”，绝大多数生物化学反应都是在酶作用下进行的。

本实验就是通过 3 个小实验的具体实践实例，认识作为有机催化剂的酶的一些基本特性——蛋白质本质，催化特性，酶催化作用的专一性。

(1)酶的蛋白质本质：酶的化学本质是蛋白质，这可以用双缩脲反应来说明。因为普通蛋白质都具有双缩脲反应，如酶也是蛋白质，那么酶也应该产生双缩脲反应，因此双缩脲反应就成为验证酶的蛋白质本质最基本的方法之一。

将尿素加热至 180℃则两分子尿素缩合生成一分子双缩脲并放出一分子氨。在碱性溶液中，双缩脲与硫酸铜结合生成紫红色复合物，这呈色反应称为双缩脲反应，反应式参见本书实验四部分。

(2)酶的催化作用：酶是有机催化剂，生物体内不断进行的化学变化，绝大多数是在酶的催化下进行的。没有酶，这些反应就不能发生或者速度极其缓慢。例如，生物体内进行的尿素分解反应，必须在脲酶催化下进行，否则不能发生。脲酶广泛分布于多种细菌、高等植物及动物部分组织中，其中以刀豆含量最高(达 0.15%)，脲酶只能作用尿素，使尿素水解。其反应如下：

$$O{=}C\begin{matrix}\diagup NH_2 \\ \diagdown NH_2\end{matrix} + H_2O \xrightarrow{\text{脲酶}} 2NH_3\uparrow + CO_2$$

NH_3 的生成与否就可了解脲酶催化作用的有无。测定 NH_3 可用奈斯勒比色法，尿素水解产生的 NH_3 可以和奈斯勒试剂反应生成橙黄色的化合物碘化双汞铵。其反应如下：

$$NH_3 + 2(HgI_2 \cdot 2KI) + 3NaOH \longrightarrow O\begin{matrix} Hg \\ \\ Hg \end{matrix}NH_2I + 4KI + 2H_2O + 3NaI$$

根据生成碘化双汞铵量的多少，或其颜色的深浅，可判断脲酶作用产生氨的多少以及反应进行的程度。

(3)酶的催化专一性：酶具有催化专一性，亦即每一种酶只作用一种或一组相似的物质。如唾液淀粉酶能水解淀粉，生成有还原性的麦芽糖，但不能水解蔗糖，蔗糖酶能水解蔗糖，生成有还原性的果糖和葡萄糖，而不能水解淀粉。

二、实验用品

1. 材料：鸡蛋，鲜酵母，刀豆，唾液等。

2. 器材：大试管，小试管，移液管，试管架，恒温水浴锅，量筒，温度计。

3. 试剂：10% NaOH：10 g NaOH 溶于蒸馏水稀释至 100 mL。1% $CuSO_4$：1 g $CuSO_4$ 溶于蒸馏水稀释至 100 mL。0.25%胰蛋白酶及 0.25%胃蛋白酶；1.25% 卵清蛋白质溶液；1%淀粉液：将 1 g 可溶性淀粉及 0.5 g NaCl 混悬于5 mL 蒸馏水中，搅动后缓慢倒入沸腾的 60 mL H_2O 中，搅动煮沸 1 min，凉至室温后加 H_2O 至 100 mL，放置于冰箱贮存。2%蔗糖溶液：蔗糖是典型的非还原性糖，若商品蔗糖中还原糖含量超过一定标准，则呈还原性，这种蔗糖不能使用，所以实验前必须进行检查。本实验用的蔗糖至少是分析纯的试剂，要现用现配。蔗糖酶溶液：取 1 g 新鲜酵母放入研钵中，加少量石英砂和蒸馏水，研磨 10 min 左右，用蒸馏水稀释至 50 mL，静止片刻再过滤，滤液即为蔗糖提取液，将蔗糖提取液保存于冰箱中备用。唾液淀粉酶：1 mL 唾液＋9 mL 蒸馏水稀释。班氏试剂：将 17.3 g 硫酸铜溶解于 100 mL 蒸馏水中，加热，冷却后稀释至 150 mL，取柠檬酸钠 173 g 及碳酸钠($Na_2CO_3 \cdot H_2O$)100 g 加水 600 mL，加热使之溶解，冷却后稀释至850 mL，最后把硫酸铜溶液缓缓倾入柠檬酸钠-碳酸钠溶液中，边加边搅拌，如有沉淀可过滤，此试剂可长期保存。奈斯勒试剂：3.5 g KI 和 1.3 g $HgCl_2$，溶解于70 mL水中，然后加入 30 mL 4 $mol \cdot L^{-1}$ NaOH(或 KOH)溶液，必要时过滤，并保存于关紧的玻璃瓶中。1%脲酶液(或 0.2%刀豆粉)；1%尿素液；1%含 NaF 的尿素液：每 100 mL 尿素液中加 0.5 g NaF。磷酸缓冲液(1/15 $mol \cdot L^{-1}$)：A. $NaH_2PO_4 \cdot 2H_2O$ 10.402 0 $g \cdot L^{-1}$，B. $Na_2HPO_4 \cdot 2H_2O$ 11.870 0 $g \cdot L^{-1}$。

表 9-1　磷酸氢二钠-磷酸二氢钠缓冲液(1/15 mol·L^{-1})　mL

缓冲液	pH													
	5.4	5.6	5.8	6.0	6.2	6.4	6.6	6.8	7.0	7.2	7.4	7.6	7.8	8.0
A	9.7	9.5	9.22	8.8	8.15	7.35	6.25	5.0	3.89	2.85	1.96	1.32	0.86	0.55
B	0.3	0.5	0.78	1.2	1.85	2.65	3.75	5.0	6.11	7.15	8.04	8.68	9.14	9.45

三、实验内容与操作

(一)酶的蛋白质本质

取 3 支洁净试管,标明 1,2,3 号,按表 9-2 进行实验操作,并将各管产生的颜色填入表 9-2 中。

表 9-2　鉴定酶的蛋白质本质　mL

管号	胰蛋白酶溶液	胃蛋白酶溶液	卵清蛋白酶溶液	10% NaOH	1% $CuSO_4$	实验结果(颜色)
1	2			2	5 滴	
2		2		2	5 滴	
3			2	2	5 滴	

(二)酶的催化作用

取试管 10 支,分别标明 1,2,3,4,5 和 1′,2′,3′,4′,5′等号码(即每套各 5 支)。各注入奈斯勒试剂 1 mL,放在试管架上待用。

另取 2 支大试管,注明Ⅰ、Ⅱ号分别按表 9-3 加入溶液。

表 9-3　鉴定酶的催化作用时各试剂用量　mL

管　号	1%尿素液	1%含 NaF 尿素液	磷酸缓冲液(pH=7)
Ⅰ　正常催化作用	8	—	12
Ⅱ　去活化作用	—	8	12

再取一支小试管装脲酶液 10 mL,然后将盛脲酶液的这支试管和盛有基质液的Ⅰ号、Ⅱ号大试管都移入恒温水浴中(37℃),待溶液温度与水浴平衡后(5 min)再进行下一步实验。

以上小试管的脲酶液和Ⅰ、Ⅱ号管基质液在 37℃恒温水浴中平衡 5 min 后,向正常催化管(Ⅰ号大试管)加取自小试管脲酶液 4 mL,随即摇匀,并立即从Ⅰ号大试管取出反应液 4 mL 注入 1 号小试管,以后每隔4 min 取出 4 mL 分别注入 2,

3,4,5 号小试管,立即摇匀,然后放置令其显色 10 min,进行目测比色。

将在 37℃恒温水浴中平衡的小试管脲酶液,取出 4 mL 加在Ⅱ号大试管中,充分摇匀,并立即从Ⅱ号大试管中取出反应液 4 mL 注入 1′号小试管,以后每隔 4 min,抽出反应液 4 mL 分别注入 2′,3′,4′,5′号小试管,立即摇匀,同样放置 10 min,令其显色,进行目测比色(操作全过程如图 9-1 所示)。

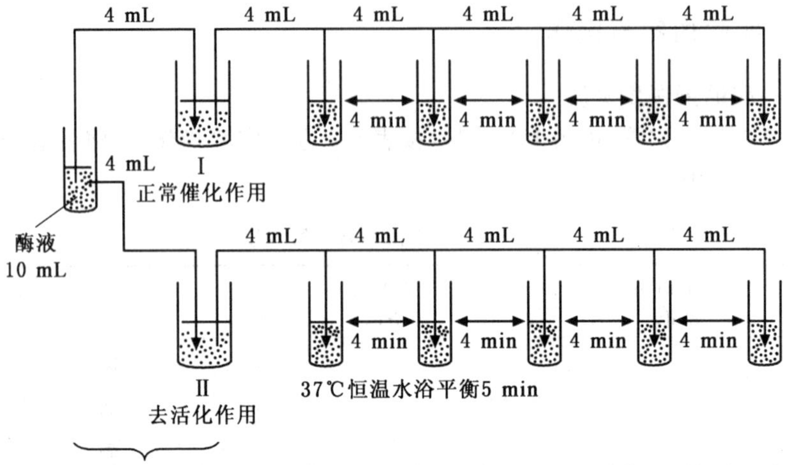

图 9-1 酶的催化作用实验操作

(三)酶催化作用的专一性

取试管 5 支,分别按表 9-4 加入下列试剂。

表 9-4 鉴定酶的专一性时各试剂用量 mL

试剂	管号				
	1	2	3	4	5
1%淀粉液	2	0	0	0	2
2%蔗糖液	0	2	2	2	0
蔗糖酶液	0	0	0	1	1
1∶10 稀唾液	1	1	0	0	0
蒸馏水	0	0	1	0	0
	各管分别充分混匀,置 37℃恒温水浴中 10 min				
班氏试剂	1	1	1	1	
	置沸水浴中数分钟				
有无砖红色 Cu_2O 产生					

四、注意事项

1. 各酶液适时放冰箱保存，以防失活；稀释后的脲酶液应立即使用，否则活力丧失极大。

2. 吸取试剂的各移液管切勿混用。

五、作业与思考题

1. 什么叫双缩脲反应？写出反应式，为什么酶也具有双缩脲反应？

2. 正常催化作用5支小试管中的颜色是渐渐变深呢？还是渐渐变浅呢？为什么？

3. 去活化作用5支小试管中的颜色有无变化？为什么？

4. 酶催化作用专一性的实验，几支试管的颜色有什么不同？为什么？

5. 为什么用于本实验的蔗糖必须是分析纯？若用煮沸的稀唾液水解淀粉会产生什么现象？

实验十　外界因素对酶活性的影响

一、实验目的与原理

1. 目的：了解外界因素对酶活性及酶促反应速度的影响，加深对酶特性的认识和理解。

2. 原理：酶的化学本质是蛋白质，它极易受外界条件的影响而改变它的构象及性质，因而也必然会影响到它的催化活性。酶对温度、pH、酶浓度及某些离子浓度等变化很敏感。

pH 值对酶活性的影响：酶活性受环境 pH 的影响极为显著，通常各种酶只有在一定的 pH 范围内才能表现它的活性。一种酶表现其最高活性时的 pH 值称为该酶的最适 pH。高于或低于最适 pH 值时，酶的活性降低。酶的最适 pH 值受酶的纯度、底物的种类和浓度、缓冲液的种类和浓度以及环境温度等条件影响。

温度对酶活性的影响：每种酶都有其最适温度，高于或低于此温度酶的活性都降低。一般而言，若酶处于过高的温度环境中，会使酶活性永久地丧失；而若处于极低温度环境中只会使酶活性受到抑制，一旦温度适宜，酶又会全部或部分地恢复其活性。

酶浓度对酶促反应速度的影响：在其他条件不变的情况下，若反应物浓度大大高于酶浓度时，则反应速度随酶浓度增加而增加，两者间成正比关系，即 $V=k[E]$。但若反应底物浓度较低，而且酶的浓度足够高时，增加酶浓度，反应速度基本不变。

离子对酶活性的影响：就唾液淀粉酶而言，低浓度 Cl^- 可以增加酶活性，高浓度 Cl^- 或者低浓度的 Cu^{2+} 则会抑制酶的活性，而低浓度的 Na^+、SO_4^{2+} 等对酶活性没有影响。不同的酶对不同的离子具有不同的效应。

二、实验用品

1. 材料：唾液。

2. 器材：冰箱，恒温水浴锅，电炉，试管架及试管，移液管架及移液管。

3. 试剂：0.2 mol/L 磷酸氢二钠溶液：称取 35.61 g $Na_2HPO_4 \cdot 2H_2O$，用水定

容至1 L。0.1 mol·L^{-1}柠檬酸溶液:称取21.01 g含1个结晶水的柠檬酸,用水定容至1 L。唾液淀粉酶:将唾液分别稀释10倍、50倍和100倍,得到3种浓度的酶液。0.5%淀粉的0.5%氯化钠溶液:0.5 g可溶性淀粉和0.5 g NaCl,溶于100 mL蒸馏水(需加热)。0.1%淀粉液:0.1 g可溶性淀粉,加到100 mL蒸馏水中,加热溶解。碘液:25 g碘化钾和12.7 g的碘,加少许水使碘完全溶解后,再用水稀释至200 mL。1%氯化钠溶液,0.1%硫酸铜溶液。

三、实验内容与操作

(一)pH对酶活性的影响

缓冲液的配制:取6支洁净的三角烧瓶,按表10-1编号和加试剂。

表10-1　磷酸氢二钠-柠檬酸缓冲液的配制　mL

项　目	三角烧瓶号					
	1	2	3	4	5	6
pH	5.4	6.2	6.8	7.0	7.4	8.0
0.2 mol·L^{-1}磷酸氢二钠	11.15	13.22	15.45	16.47	18.17	19.45
0.1 mol·L^{-1}柠檬酸	8.85	6.78	4.55	3.53	1.83	0.55

取6支洁净试管,分别编号后,按表10-2操作。

表10-2　pH对酶活性的影响　mL

项　目	管　号					
	1	2	3	4	5	6
pH	5.4	6.2	6.8	7.0	7.4	8.0
缓冲液量	3	3	3	3	3	3
含NaCl的0.5%淀粉	2	2	2	2	2	2
稀释100倍唾液	2	2	2	2	2	2

37℃保温,1 min后,用滴管从3号管中吸1滴反应液,放白瓷板用碘液检验(1滴)。以后每隔1 min检验一次。当3号管反应液遇碘液呈淡黄色时,立即向6支管中加碘液2滴,充分摇匀,观察各试管溶液颜色变化。

(二)温度对酶活性的影响

取3支洁净试管,按表10-3操作。

表 10-3　温度对酶活性的影响

项　目	管　号		
	1	2	3
pH 6.8 磷酸缓冲液(mL)	2	2	2
含 NaCl 的 0.5%淀粉液(mL)	2	2	2
立即处理温度	0℃	100℃	37℃
另取 3 支试管	1′	2′	3′
稀唾液 1∶50(mL)	1	1	1
处理温度	0℃	100℃	37℃
平衡时间		10 min	
将 1′,2′,3′试管的稀唾液分别倒入 1,2,3 管中作用时间		10 min	
分别从 1,2,3 支试管中取出 1 滴在白瓷板上用碘液检验结果改变处理温度至	37℃	37℃	
作用时间		10 min	
再分别从 1,2,3 支试管中取出 1 滴在白瓷板上用碘液检验结果			

(三)酶浓度对酶促反应速度的影响

取 3 支洁净试管,编号,按表 10-4 加入淀粉液,缓冲液,加毕后放入 37℃恒温水浴中保温 5 min。

表 10-4　酶浓度对酶促反应速度的影响　　mL

管号	含 NaCl 的 0.5%淀粉液	pH 6.8 的缓冲液	稀释唾液			退色时间
			10 倍	50 倍	100 倍	
1	3	2	1			
2	3	2		1		
3	3	2			1	

保温后,快速加不同浓度的稀释唾液,摇匀,立即放入 37℃恒温水浴中。计时,并每隔 1 min 从各管中取出 1 滴在白瓷板上用碘液检验,记录从加进酶液至碘液检验为橙黄色所需时间,此为退色时间。

(四)离子对酶活性的影响

取 3 支洁净试管,编号后按表 10-5 操作。

表 10-5　离子对酶活性的影响　mL

项目	管号		
	1	2	3
1%NaCl	1		
0.1%$CuSO_4$		1	
蒸馏水			1
0.1%淀粉液	3	3	3
100 倍稀释唾液	1	1	1
	37℃恒温 15 min,然后冷却		
碘液(滴)	2	2	2
结果			

四、注意事项

1. 因各人的唾液淀粉酶活性有所差异,若某一碘液检验结果为全部变为淡黄色,或无一变为淡黄色,则需增大或减少唾液稀释倍数,或者改变酶作用时间。

2. 配制缓冲液时,吸量要准确。

3. 检验离子对酶活性的影响时,切勿吸错或污染试剂。

五、作业与思考题

1. 以反应速度为纵坐标,pH、温度或酶浓度为横坐标,标出在其他条件不变的情况下,反应速度分别和 pH、温度或酶浓度的关系简图。

2. 唾液淀粉酶的最适 pH 和最适温度是多少?如何进一步确定?

3. 温度为 0℃和 100℃ 2 支试管中反应液遇碘呈蓝色,其原因有何不同?若恢复最适温度,其结果为什么有差异?

4. 如何确定氯化钠中氯离子是激活剂,硫酸铜中铜离子是抑制剂?

5. 进行酶的实验必须注意控制哪些条件?为什么?

实验十一　琥珀酸脱氢酶的竞争性抑制实验

一、实验目的与原理

1. 目的：掌握测定琥珀酸脱氢酶活性的简易方法及原理。了解丙二酸对琥珀酸脱氢酶的竞争性抑制作用。

2. 原理：琥珀酸脱氢酶是三羧酸循环中一个重要的酶，它广泛存在于动物心肌、肝脏、骨骼肌等组织和植物及微生物中。测定组织细胞中有无琥珀酸脱氢酶活性，可以初步鉴定三羧酸循环途径是否存在。

琥珀酸脱氢酶能使琥珀酸脱氢生成延胡索酸，并将脱下的氢交给受氢体。用甲烯蓝作受氢体时，氧化型甲烯蓝（蓝色）被还原生成无色的还原型甲烯蓝（又叫甲烯白）。其反应式如下图所示：

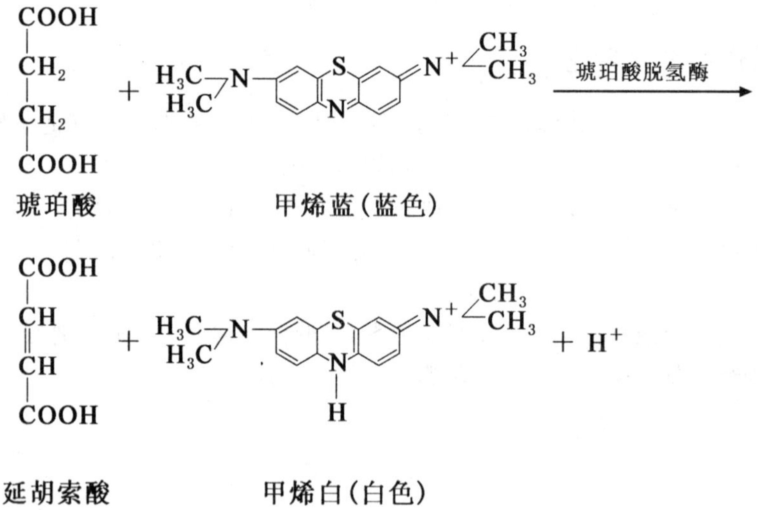

丙二酸与琥珀酸结构相似，是琥珀酸脱氢酶的竞争性抑制剂。琥珀酸脱氢酶活性越高，甲烯蓝脱色所需时间越短。因此，甲烯蓝脱色所需时间的倒数可用来表示琥珀酸脱氢酶的活性。

由于甲烯蓝容易被空气中的氧所氧化，所以实验需在无氧情况下进行。常用Thunberg（邓氏）管法，抽去空气进行。本实验采用简化法，用一般试管加液体石蜡封闭反应液，制造无氧环境，这样可不用抽真空设备。

二、实验用品

1. 材料：新鲜鸡心，鸡肝或发芽黄豆。

2. 器材：试管及试管架，解剖剪刀，滴管，组织捣碎机（或研钵），恒温水浴锅。

3. 试剂：0.2 $mol \cdot L^{-1}$磷酸缓冲液（pH 7.4）：取0.2 $mol \cdot L^{-1}$ NaH_2PO_4 溶液19 mL和0.2 $mol \cdot L^{-1}$ Na_2HPO_4 溶液81 mL混合而成。1.5%或1/50 $mol \cdot L^{-1}$琥珀酸钠溶液；1%丙二酸钠溶液；0.02%甲烯蓝溶液（即1：5 000）；液体石蜡；0.87% K_2HPO_4。

三、实验内容与操作

（一）方法1

酶液的制备：称取新鲜鸡心肝 20 g，剪碎，放入组织捣碎机玻璃杯中，加100 mL在冰箱中保存的0.1 $mol \cdot L^{-1}$ pH 7.4磷酸缓冲液，开动组织捣碎机，约3 min，搅成匀浆即为酶液。

酶促反应：取试管4支，编号码1，2，3，4，按表11-1加入各种试剂。

表11-1　酶促反应

管号	酶液（滴）	1.5%琥珀酸钠（滴）	1%丙二酸（滴）	水（滴）	0.02%甲烯蓝（滴）	结果
1	10	10	—	20	10	
2	10	10	10	10	10	
3	10（煮沸）	10	—	20	10	
4	—	10	10	20	10	

（二）方法2

酶液的提取：称取黄豆芽（子叶部分）3 g于研钵内，加石英砂少许，2 mL 0.87% K_2HPO_4 溶液共同研磨至浆状，然后再加10 mL K_2HPO_4 溶液，混匀，静置30 min后过滤，弃去残渣，滤液即为酶液。

测定：严格按表11-2顺序配制各管。

表 11-2 脱氢酶相对活力测定

管号	琥珀酸钠(mL)	pH 6.0 磷酸缓冲液(mL)	丙二酸(mL)	酶液(mL)	甲烯蓝(mL)	各管立即摇匀,液体石蜡封口不能摇动,37℃水浴保温记时,观察 3 管颜色变化	记录完全退色时间(min)
1	2	2	0.5	4	1		
2	2	2.5	0	4	1		
3	2	2.5	0	4 煮沸并冷却	1		

结果处理：根据 2 号管的退色时间计算琥珀酸脱氢酶活力。

$$\text{脱氢酶相对活力}(\text{mg}\cdot\text{g}^{-1}\cdot\text{h}^{-1})=\frac{\dfrac{\text{甲烯蓝浓度}(\text{mg}\cdot\text{mL}^{-1})\times\text{甲烯蓝用量}(\text{mL})}{\text{酶液用量}(\text{mL})}\times\text{酶液总量}(\text{mL})}{\text{植物材料质量}(\text{g})\times\dfrac{\text{作用时间}(\text{min})}{60}}$$

四、注意事项

1. 第 3 管所加酶液需在沸水浴煮沸,以使酶完全失活。
2. 观察甲烯蓝变色时,不能摇动试管,以免空气进入反应液,干扰实验结果。

五、作业与思考题

1. 丙二酸对琥珀酸脱氢酶是否有干扰？为什么？
2. 在本实验中为什么要加石蜡油？为什么将第 2 支试管摇动后又重现蓝色？
3. 若向第 1 支试管补加琥珀酸钠会发生什么现象？为什么？
4. 说明实验中各管的变色情况,并加以解释。

实验十二　酶促转氨反应的定性鉴定

一、实验目的与原理

1. 目的：掌握利用纸层析研究代谢的基本方法，了解酶促转氨反应在中间代谢中的意义。

2. 原理：转氨基作用是生物体内一个重要的生化反应，它可作为沟通蛋白质和糖代谢的桥梁，并通过丙酮酸、α-酮戊二酸和草酰乙酸分别形成丙氨酸、谷氨酸、天冬氨酸等非必需氨基酸。

转氨基作用又称氨基转移作用，即在转氨酶的催化作用下，一种 α-氨基酸上的氨基可以转移到 α-酮酸上，从而形成相应的一分子 α-酮酸和一分子 α-氨基酸。组成蛋白质的氨基酸有 20 种，除赖氨酸、精氨酸、苏氨酸外，其他的氨基酸都能促成转氨作用。每种氨基酸都由专一的转氨酶催化，其最适 pH 接近 7.4。在各种转氨酶中的分布最广、活性最大的为谷丙转氨酶（简称 GPT）和谷草转氨酶（简称 GOT）。

测定转氨酶活力的方法有纸上层析法及光电比色法，本实验采用纸上层析法，以谷氨酸和丙酮酸混合液在 GPT 作用下进行的反应，来观察酶促转氨基作用，定性测定植物组织中转氨酶的活性。其反应式为：

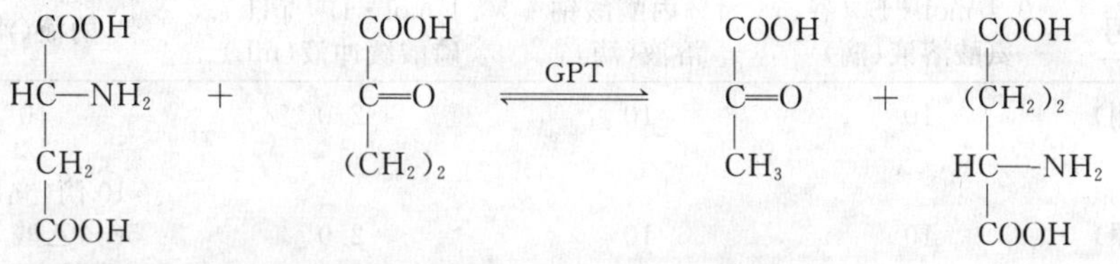

丙氨酸　　　　α-酮戊二酸　　　　丙酮酸　　　　谷氨酸

用纸层析法鉴定转氨基产物丙氨酸的存在与否，其原理为：谷氨酸和丙氨酸是理化性质不同的两种氨基酸，前者为亲水性氨基酸，后者为疏水性氨基酸，二者在固定相与流动相中的分配程度不同，因而流速不同，从而显色出不同的斑点。

二、实验用品

1. 材料：绿豆芽（25℃温箱萌发约 2 d，芽长约 0.5 cm）。

2. 器材：恒温水浴锅，层析滤纸（25 cm×15 cm），电吹风，培养皿，毛细管，研钵，针、线，层析缸。

3. 试剂：0.1 mol·L^{-1}的谷氨酸溶液：1.47 g 谷氨酸溶于 100 mL 1%磷酸钾溶液中。1%的丙酮酸钠溶液；0.5%的标准丙酮酸溶液；0.5%的标准谷氨酸溶液；展层剂和平衡液：正丁醇：冰醋酸：水＝4：1：5，充分摇匀，用分液漏斗取上层液作展层剂，下层液作平衡液。茚三酮：按展层剂 0.25%的比例将茚三酮加入展层剂中，使其溶解。0.1 mol·L^{-1} pH 7.5 的磷酸缓冲液；0.1 mol·L^{-1} pH 8.0 的磷酸缓冲液；50%乙酸。

三、实验内容与操作

（一）酶液的提取

称取绿豆芽（去种皮）3 g，放入研钵内加 2 mL 0.1 mol·L^{-1} pH 8.0 磷酸缓冲液研成匀浆，然后转移到离心管中，再用 1 mL 缓冲液冲洗研钵，溶液并入离心管中，离心（3 000 r·min^{-1}，10 min），弃沉淀，上清液即为酶液。

酶液也可用动物材料提取：称取猪（或其他动物）肝脏 2 g，剪碎置研钵中，加入 0.9%氯化钠溶液和少量镁砂，研磨成匀浆即为酶提取液。

（二）酶促反应

取 2 支试管，编号。首先向 2 号管加入酶液 10 滴和 50%乙酸 5 滴，煮沸 3 min，静置冷却，然后按下表加入试剂。

表 12-1　酶促反应

试管号	0.1 mol·L^{-1}谷氨酸溶液（滴）	1%丙酮酸钠溶液（滴）	0.1 mol·L^{-1} pH 7.5 磷酸缓冲液（mL）	酶液（滴）
1（待测）	10	10	2.0	10
2（对照）	10	10	2.0	10 滴（立即加 50%乙酸 5 滴，煮沸 3 min）

以上各管配制完毕摇匀，置于 37℃恒温水浴锅保温 30 min，取出后向 1 号管加 5 滴 50%乙酸终止酶促反应，再将 1，2 号管置于沸水浴中加热 10 min，使蛋白质沉淀，加热完毕取出立即用流动冷水冷却，过滤，分别收取滤液备用。

（三）用纸层析鉴定反应结果（纸层析操作参见实验一）

滤纸的处理及点样：取 25 cm×15 cm 的滤纸一张，离底边 2 cm 处用铅笔轻轻划一条与底边平行的线，并等距离的在线上定点样点（共 4 点），依次标上标准谷氨酸、标准丙氨酸、待测液及对照液的代号，然后用毛细管分别吸取上面 4 种溶液，对号点样。标准溶液各点 5～6 次，反应滤液各点 5～7 次，每点一次须电吹风吹干后再点下一次。

饱和、展层：将点好样的滤纸纵向卷起来，点样面向里，点样点位于一端，用针线缝成筒状，不要使滤纸两边接触，然后将滤纸筒直立于层析缸中，划线点样端向下。滤纸筒放在培养皿周围(培养皿中预先放入平衡液)饱和 1 h。

把饱和过的滤纸筒转移到另一层析缸中的培养皿内(培养皿中预先放入 2/3 量的展层剂)，样品端向下垂直放置，切勿使展层剂浸到样品点。

显色、鉴定：当溶剂前沿到达离上端约 3 cm 处，取出滤纸，用铅笔描出溶剂前沿，晾干。用热风吹干即可呈现若干紫红色斑点。用铅笔圈出各斑点位置，计算出斑点的 R_f 值，据此分析实验结果。

四、注意事项

1. 对照管首先要处理酶液。
2. 点样时，切勿将毛细管插错了试剂瓶。

五、作业与思考题

1. 人体内的转氨酶主要有哪两种，测定它们的临床意义是什么？
2. 对照和测定管显现的斑点有何不同？它们分别代表何物质？请说明理由。

实验十三　米氏常数(K_m)和最大反应速率(v_{max})的测定

一、实验目的与原理

1. 目的：了解底物浓度对酶促反应速度的影响，掌握米氏常数(K_m)和最大反应速率(v_{max})的测定原理和测定方法，熟练运用分光光度法测定酶的活性。

2. 原理：在温度、pH 及酶浓度恒定的条件下，底物浓度对酶的催化作用有很大的影响。当底物浓度较低时，酶促反应速度 v 随底物浓度$[S]$的增高而显著加快，随着底物浓度渐高，反应速度加快程度渐小，当底物浓度增加一定程度以上时，再增高底物浓度，反应速度亦不再增加，成为该条件下极限最大反应速度 v_{max}。

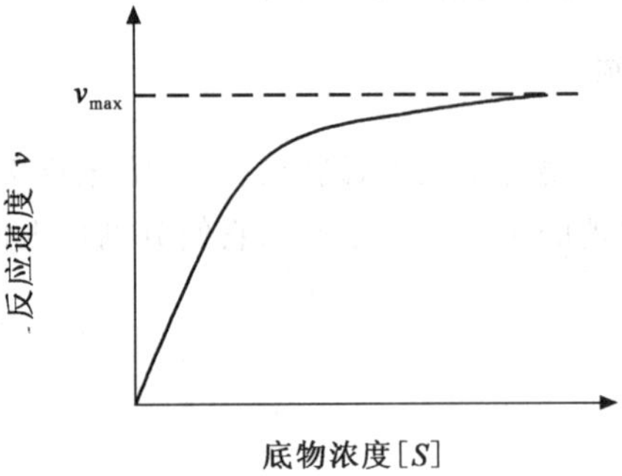

图 13-1　底物浓度对酶促反应速度的影响

底物浓度与反应速度的这种关系可用 Michaelis-Menten 方程式表示：

$$v=\frac{v_{max}[S]}{K_m+[S]}$$

式中：v——反应速度；

K_m——米氏常数；

v_{max}——酶反应最大速度；

$[S]$——底物浓度。

从米氏方程式可见:米氏常数 K_m 等于反应速度达到最大反应速度一半时的底物浓度,米氏常数的单位就是浓度单位($mol \cdot L^{-1}$或 $mmol \cdot L^{-1}$)。

在酶学分析中,K_m 是酶的一个基本特征常数,它包含着酶与底物结合和解离的性质。K_m 与底物浓度、酶浓度无关,与 pH、温度、离子强度等因素有关。对于每一个酶促反应,在一定条件下都有其特定的 K_m 值,因此可用于鉴别酶。

测定 K_m、v_{max},一般用作图法求得。作图法有很多,最常用的是 Lineweaver-Burk 作图法,该法是根据米氏方程的倒数形式,以 $1/v$ 对 $1/[S]$作图,可得到一条直线。直线在横轴上的截距为 $-1/K_m$,纵截距为 $1/v_{max}$,可求出 K_m 与 v_{max}。

$$\frac{1}{v}=\frac{K_m}{v_{max}}\cdot\frac{1}{[S]}+\frac{1}{v_{max}}$$

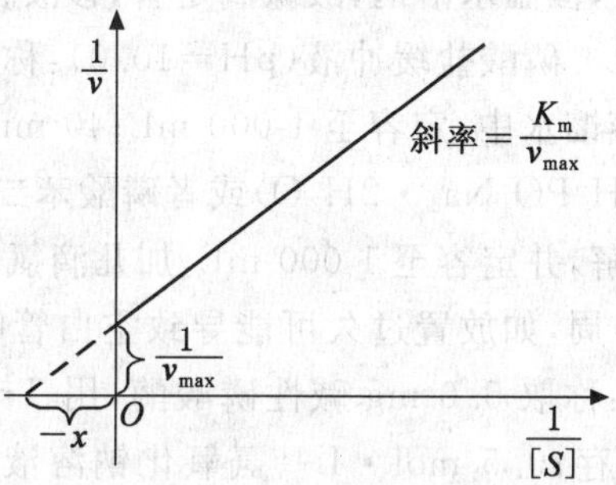

图 13-2　双倒数作图法

本实验以碱性磷酸酶为例。碱性磷酸酶(AKP)主要存在于骨、肝、肾及肠中。它的最适 pH 在 9~10 之间。在碱性条件下使之作用于底物溶液中的磷酸苯二钠,生成酚和磷酸盐,酚在碱性溶液中与 4-氨基安替比林(APP)作用,经铁氰化钾氧化生成红色醌的衍生物,根据颜色深浅于 510 nm 波长处比色测定,测知酚的生成量,计算出酶的活性。其反应式如下:

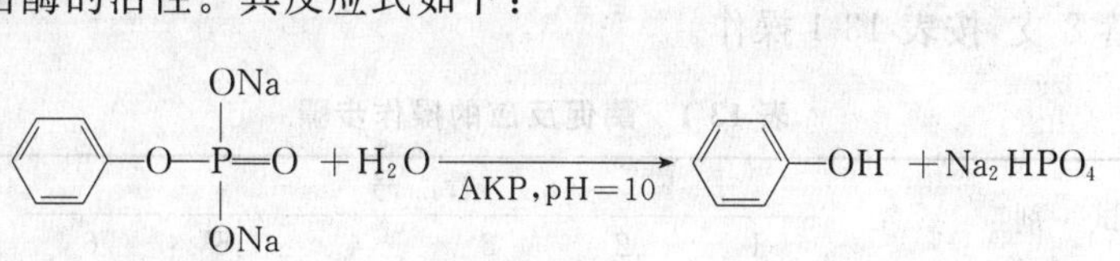

磷酸苯二钠　　　　酚　　　　磷酸氢二钠

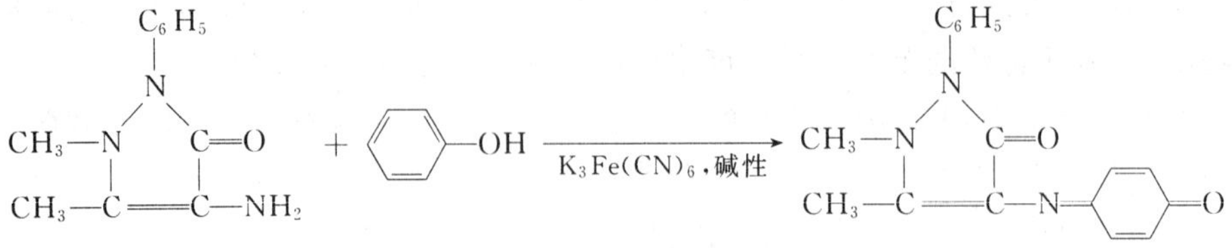

4-氨基安替比林　　酚　　酚类衍生物(红色)

实验规定：37℃条件下，作用于底物磷酸苯二钠溶液 5 min 生成 1mg 酚所需要的碱性磷酸酶量为一个酶活性单位。

二、实验用品

1. 器材：分光光度计，恒温水浴锅，酸碱滴定管，移液管，试管，三角瓶等。

2. 试剂：0.1 mol · L^{-1}磷酸盐缓冲液(pH=10.0)：称取 6.36 g 无水碳酸钠和 3.36 g 碳酸氢钠，溶于蒸馏水中，定容至 1 000 mL；40 mmol · L^{-1}底物溶液：称取磷酸苯二钠 11.56 g($C_6H_5PO_4Na_2 \cdot 2H_2O$)或者磷酸苯二钠(无结晶水)8.72 g，用煮沸后冷却的蒸馏水溶解，并定容至 1 000 mL，加几滴氯仿(三氯甲烷)防腐，贮于棕色瓶中，此液只能用 1 周，如放置过久可能导致空白管吸光度增高；酚标准溶液(0.1 mg · mL^{-1})；酶液：称取 5.0 mg 碱性磷酸酶，用 Tris-醋酸缓冲液(pH 8.8)配成 100 mL，冰箱中保存；0.5 mol · L^{-1}氢氧化钠溶液；0.3% 4-氨基安替比林(APP)溶液：称取 0.3 g 4-氨基安替比林(APP)及 4.2 g 硫酸氢钠，用蒸馏水溶解定容至 100 mL，贮于棕色瓶中，冰箱保存；0.5%铁氰化钾溶液：称取 0.5 g 铁氰化钾和 15 g 硼酸，各溶于 400 mL 蒸馏水中，溶解后两液混合，并以蒸馏水定容至 1 000 mL，贮棕色瓶中暗处保存。

三、实验内容与操作

(一)酶促反应

取试管 8 支，按表 13-1 操作。

表 13-1　酶促反应的操作步骤　　mL

试　剂	管　号						空白	对照
	1	2	3	4	5	6		
40 mmol · L^{-1}底物溶液	0.1	0.2	0.3	0.4	0.8	1.0	—	—
pH 10.0 磷酸盐缓冲液	0.9	0.9	0.9	0.9	0.9	0.9	0.9	0.9
蒸馏水	0.9	0.8	0.7	0.6	0.2	—	1.0	1.0

续表 13-1

试剂	管号 1	2	3	4	5	6	空白	对照
	37℃水浴保温 5 min							
酚标准液(0.1 mg·mL^{-1})	—	—	—	—	—	—	—	0.1
酶液	0.1	0.1	0.1	0.1	0.1	0.1	0.1	
	充分摇匀,37℃水浴精确保温 5 min							
0.5 mol·L^{-1}氢氧化钠溶液	1.0	1.0	1.0	1.0	1.0	1.0	1.0	1.0
0.3% APP 溶液	1.0	1.0	1.0	1.0	1.0	1.0	1.0	1.0
0.5%铁氰化钾溶液	2.0	2.0	2.0	2.0	2.0	2.0	2.0	2.0
	充分摇匀,室温放置 10 min							
$OD_{510\ nm}$								

(二)结果处理

计算各管底物浓度(mmol·L^{-1})=底物浓度×加入底物液量/酶反应总液量=40×加入底物液量/2.0=20×加入底物液量。

计算各管酶活性单位代表反应速度(v)。

各管酶活性单位=样品 OD_{510nm}/对照 OD_{510nm}×0.01。

计算各管 $1/v$ 和 $1/[S]$。

作图:以 $1/[S]$为横坐标,$1/v$ 为纵坐标,在坐标纸上准确画出各管坐标点,连接各点画出直线,向左延长此线与横坐标轴相交于$-1/K_m$ 点,由此计算出该酶的 K_m、v_{max} 值。

四、注意事项

1. 实验操作过程中吸量应准确,反应时间应严格控制。
2. 酶和底物应预先分别保温数分钟。

五、作业与思考题

1. K_m 值的物理意义是什么?
2. 为什么要用酶促反应的初速度计算 K_m 值?

实验十四　小麦萌发前后淀粉酶活力的比较

一、实验目的与原理

1. 目的：了解酶的制备及活力测定的一般原理与方法，掌握淀粉酶的活力测定技术，了解小麦萌发前后淀粉酶活力的变化，灵活运用3,5-二硝基水杨酸比色法测定还原糖含量的原理和方法。

2. 原理：种子中贮藏的碳水化合物主要以淀粉的形式存在。淀粉酶是一种水解酶，它能使淀粉水解为麦芽糖，催化反应如下：

$$2(C_6H_{10}O_5)_n + nH_2O \rightarrow nC_{12}H_{22}O_{11}$$

麦芽糖具有还原性，与3,5-二硝基水杨酸在共热的条件下生成棕色的3-氨基-5-硝基水杨酸。在一定范围内，棕色物质颜色的深浅程度与还原糖的量成正比，因此可利用比色法测定还原糖的量。

休眠种子的淀粉酶活力很弱，种子吸胀萌发后，酶活力逐渐增强，并随着发芽天数的增长而增加。

二、实验用品

1. 材料：小麦种子。

2. 器材：721或722S型分光光度计，恒温水浴锅，大试管和大试管架，量筒，移液管和移液管架，研钵，离心机。

3. 试剂：3,5-二硝基水杨酸(DNS)试剂：6.3 g DNS和262 mL 2 mol·L^{-1} NaOH，加到500 mL含有182 g酒石酸钾钠的热水溶液中，再加5 g重蒸酚和5 g亚硫酸钠，搅拌溶液，冷却后加水定容至1 000 mL，贮于棕色瓶中；0.1%麦芽糖标准液：准确称取100 mg分析纯的麦芽糖(预先在105℃干燥至恒温)，用少量蒸馏水溶解后定容至100 mL，置于冰箱保存备用。1%淀粉：将1 g可溶性淀粉及0.5 g NaCl混悬于5 mL蒸馏水中，搅动后缓慢倒入沸腾的60 mL H_2O中，搅动煮沸1 min，凉至室温后加H_2O至100 mL，放置于冰箱贮存；pH 6.8磷酸盐缓冲液。

三、实验内容与操作

(一)种子发芽

小麦种子浸泡 2.5 h 后,放入 25℃恒温箱内发芽。

(二)酶液提取

取发芽第 3 天或第 4 天的幼苗 8 株,放入研钵中,加入石英砂少许,加 pH 6.8 磷酸盐缓冲液 10 mL,研磨至匀浆状。在室温下静置 20 min,搅拌几次。提取液 1 500 $r \cdot min^{-1}$ 离心 7 min。上清倒入量筒,测定酶提取液总体积,并将酶液稀释 10 倍。

取干燥种子或者浸泡 2.5 h 后的种子 8 粒作为对照,步骤同上。

(三)酶活力的测定

1. 麦芽糖标准曲线的制作:取 7 支大试管分别按表 14-1 顺序加入各种试剂。

表 14-1　制作麦芽糖标准曲线时各试剂用量

项　目	空 白	管 号					
		1	2	3	4	5	6
含糖总量(mg)	0	0.4	0.6	0.8	1.0	1.2	1.4
麦芽糖液(mL)	0	0.4	0.6	0.8	1.0	1.2	1.4
蒸馏水(mL)	2.0	1.6	1.4	1.2	1.0	0.8	0.6
DNS 试剂(mL)	1.5	1.5	1.5	1.5	1.5	1.5	1.5
加热	均在沸水浴中加热 5 min						
冷却	立即用流动冷水冷却						
蒸馏水(mL)	21.5	21.5	21.5	21.5	21.5	21.5	21.5
光密度(OD_{520})							

将以上各管溶液混匀后,在 721 或 722S 型分光光度计(520 nm)进行比色测定,用空白管溶液调零点,记录光密度值,以麦芽糖浓度为横坐标,光密度为纵坐标,绘制出标准曲线。

2. 淀粉酶活力的测定:取大试管 8 支,按照表 14-2 加入各试剂。

表 14-2 测定样品中淀粉酶活力时各试剂用量 mL

项目	空白	萌发前			萌发后		
	0	1	2	3	1′	2′	3′
酶液	0	0.5	0.5	0.5	0.5	0.5	0.5
1%淀粉	1	1	1	1	1	1	1
蒸馏水	0.5						
DNS 试剂	1.5	1.5	1.5	1.5	1.5	1.5	1.5
加热	均在沸水浴中加热 5 min						
冷却	立即用流动冷水冷却						
蒸馏水	21.5	21.5	21.5	21.5	21.5	21.5	21.5
光密度(OD_{520})							

用空白管作对照，在 520 nm 处测定各管 *OD* 值，并对 1，2，3 和 1′，2′，3′管分别取平均值作为萌发前和萌发后的 *OD* 值，在标准曲线上查出相应的麦芽糖毫克数，即为相应酶水解淀粉释放的麦芽糖含量。

计算：实验规定 40℃时 3 min 内水解淀粉释放 1 mg 麦芽糖所需酶量为 1 个酶活单位

$$8\text{ 粒(株)的总活力} = C_{\text{酶}} \times n_{\text{酶}} \times V_{\text{酶}}$$

式中：$C_{\text{酶}}$——酶液管的麦芽糖浓度；

$n_{\text{酶}}$——酶液稀释倍数；

$V_{\text{酶}}$——提取酶液总体积。

四、注意事项

1. 样品研磨要充分。
2. 用分光光度计比色测定时注意合适的稀释倍数。

五、作业与思考题

1. 计算小麦种子萌发前后淀粉酶总活力。
2. 说明小麦种子萌发前后淀粉酶活力发生变化的生理意义。
3. 你能用其他方法比较小麦种子萌发前后淀粉酶活力的不同吗？试简述该方法原理。

实验十五　脂肪酸的β-氧化

一、实验目的与原理

1. 目的：了解脂肪酸β-氧化作用及滴定方法。

2. 原理：在肝脏中，脂肪酸经β-氧化作用生成乙酰辅酶。两分子乙酰辅酶A缩合生成乙酰乙酸。乙酰乙酸可脱羧生成丙酮，也可还原生成β-羟丁酸。乙酰乙酸、β-羟丁酸和丙酮总称为酮体，其为机体代谢的中间产物，正常情况下，含量甚微。

本实验用新鲜肝糜与丁酸保温通过丙酮的形成，来了解β-氧化作用机制。生成的丙酮在碱性条件下，与碘生成碘仿。剩余的碘，可用标准的硫代硫酸钠滴定。反应式如下：

脂肪酸的β-氧化反应：

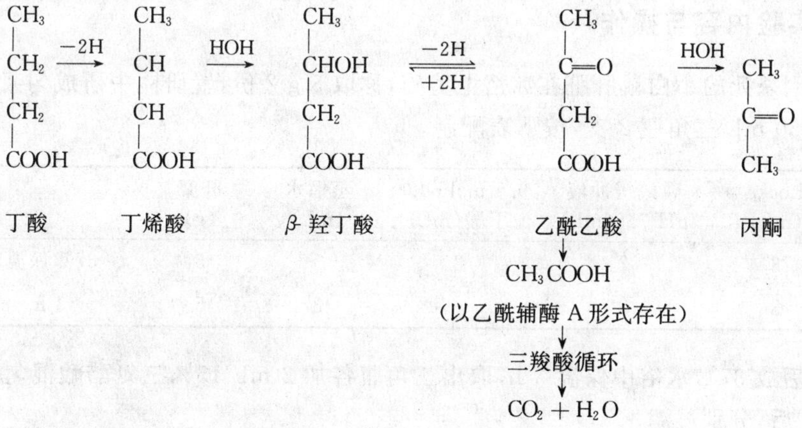

生成的丙酮先与碘反应后再滴定剩余的碘来测定：

$$2NaOH + I_2 \rightarrow NaOI + NaI + H_2O$$

$$CH_3COCH_3 + 3NaOI \rightarrow CHI_3 + CH_3COONa + 2NaOH$$

$$NaOI + NaI + 2HCl \rightarrow I_2 + 2NaCl + H_2O$$

$$I_2 + 2Na_2S_2O_3 \rightarrow Na_2S_4O_6 + 2NaI$$

根据滴定样品与滴定对照所消耗的硫代硫酸钠溶液体积之差，可以计算由丁酸氧化生成丙酮的量。

二、实验用品

1. 材料：小白鼠肝脏。

2. 器材：50 mL 三角瓶，5 mL、2 mL 吸管，5 mL 微量滴定管，恒温水浴锅，漏斗，小台秤。

3. 试剂：0.5 mol・L^{-1}丁酸溶液：45 mL 正丁酸用 0.1 mol・L^{-1}氢氧化钠溶液调 pH 至 7.6，并稀释至 1 L；Locke 溶液：NaCl 0.9 g，KCl 0.042 g，$CaCl_2$ 0.024 g，$NaHCO_3$ 0.015 g 和葡萄糖 0.1 g 溶于水中后定容至 100 mL；1/15 mol・L^{-1}磷酸盐缓冲液（pH 7.6）：分别吸取 1/15 mol・L^{-1} Na_2HPO_4 86.8 mL 和 1/15 mol・$L^{-1}$$NaH_2PO_4$ 13.2 mL 混合即可；0.1 mol・L^{-1}碘溶液：12.7 g 碘和 25 g 碘化钾，用水溶解后，定容至 1 L；10%盐酸：按 38%浓盐酸进行稀释；0.05 mol・L^{-1}硫代硫酸钠溶液：结晶硫代硫酸钠（$Na_2S_2O_3$・$5H_2O$）25 g 溶解在煮沸并冷却的蒸馏水中，加入 3.8 g 硼砂溶解后定容至 1 L；15%三氯乙酸溶液；10%氢氧化钠溶液；0.1% 淀粉溶液。

三、实验内容与操作

1. 取刚杀死的小白鼠肝脏在冰浴上剪碎，称取 5 g 2 份，置研钵中研成匀浆。

2. 取 50 mL 三角瓶 2 支，按下表配制。

瓶号	Locke (mL)	磷酸缓冲液 pH 7.6(mL)	0.5 mol・L^{-1} 丁酸(mL)	蒸馏水 (mL)	肝糜 (g)	
1	3	2	3	—	5	37℃保温
2	3	2	—	3	5	3 h

摇匀后放 37℃水浴中保温 3 h，取出三角瓶各加 2 mL 15%三氯醋酸混匀，静置 15 min 后，分别过滤。

3. 另取 3 个三角瓶，按下表分别取上述滤液 5 mL，加入 3 与 4 号瓶，5 号瓶加水，并在各瓶中加入 0.1 mol・L^{-1}碘溶液、10%氢氧化钠溶液各 5 mL，摇匀后静置 10 min 使碘仿反应完全，再加 10% HCl 5 mL。然后加入淀粉指示剂 5 滴，摇匀，立即用 0.05 mol・$L^{-1}$$Na_2S_2O_3$ 滴定呈淡黄色。

mL

瓶号	滤液	0.1 mol·L^{-1} 碘液	10%NaOH	蒸馏水	10%HCl	
3	5	5	5	—	5	
4	5	5	5	—	5	静置
5	—	5	5	5	5	10 min

4. 计算：1 mL 0.05 mol·L^{-1} $Na_2S_2O_3$ 溶液相当于 0.967 3 mg 丙酮，故样品中丙酮含量应为：

$$丙酮含量=\frac{(B-A)\times 0.967\ 3\ \text{mg}\times 提取液总量}{提取液用量}$$

式中：B——滴定空白管所用硫代硫酸钠溶液毫升数；

A——滴定样品管所用硫代硫酸钠溶液毫升数。

3 号瓶求得的丙酮量减去 4 号瓶（对照）的丙酮量，即是由丁酸经过 β-氧化作用形成的丙酮量。

四、注意事项

1. 指示剂随加随滴，不要都加好后，再一一滴定。
2. 注意滴定的准确性。

五、作业与思考题

1. 为什么说做好本实验的关键是制备新鲜肝糜？
2. 写出氯仿与碘仿的结构式。
3. 为什么测定碘仿反应中剩余的碘可以计算出样品中丙酮的含量？

实验十六　维生素 A、维生素 B_1 和维生素 B_2 的定性实验

一、实验目的与原理

1. 目的：掌握鉴定维生素 A、维生素 B_1、维生素 B_2 的操作方法和技术，了解维生素 A、维生素 B_1、维生素 B_2 的作用原理及功能。

2. 原理：维生素是维持机体健康必需的一类低分子有机化合物，已知许多维生素参与辅酶的组成，在物质代谢中起重要作用。

维生素 A 主要来自动物性食品，以动物的肝脏、乳制品及鱼肝油中含量最多，属于脂溶性维生素，在氯仿溶液中可与三氯化锑生成不稳定的蓝色，称为 Carr-Price 反应。在一定的浓度范围内产生蓝色的深浅与维生素 A 的浓度成正比，此反应常用作维生素 A 的定性检验，也可做定量测定。

维生素 B_1，又称硫胺素，含有氨基嘧啶和噻唑的结构，能与重氮试剂中的对位氯化重氮苯磺酸作用生成红色的物质，加入少量甲醛可使红色稳定。反应式如下：

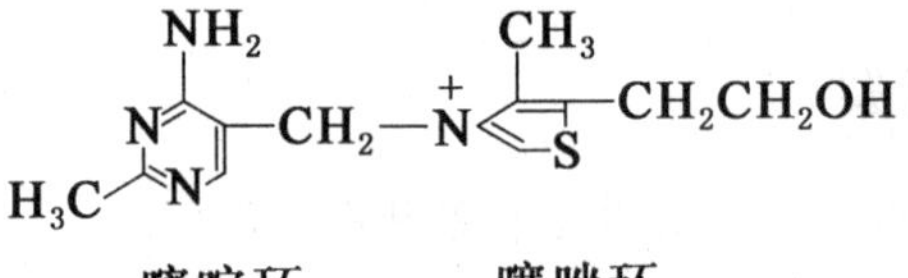

嘧啶环　　噻唑环

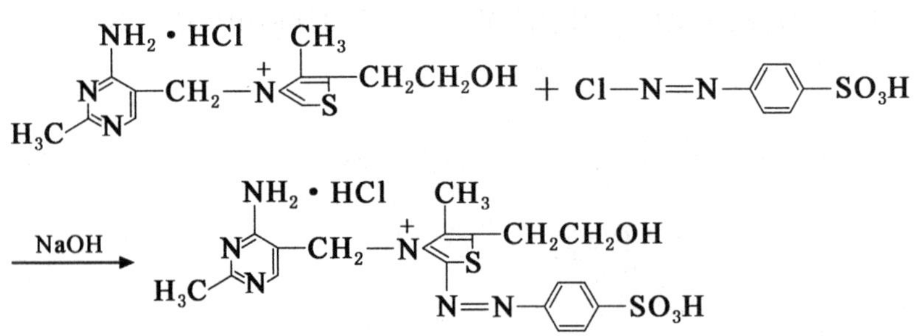

(红色)

本反应不很灵敏，特异性也低，但因操作简单、迅速，往往用来检查尿中的维生

素 B_1。目前普遍使用灵敏性、特异性更高的荧光法：在碱性环境中，硫胺素经铁氰化钾定量地氧化成带有深蓝色荧光的硫色素，可用它测出 0.01 μg 硫胺素。

核黄素（维生素 B_2）是一种异咯嗪衍生物，其水及酒精的中性溶液为黄色，并且有很强的荧光，这种荧光在强酸或强碱中易破坏。核黄素可被亚硫酸盐还原成无色的二氢化物，同时失去荧光，因而样品的荧光背景可以被测定。二氢化物在空气中易重新氧化，恢复其荧光，其反应如下：

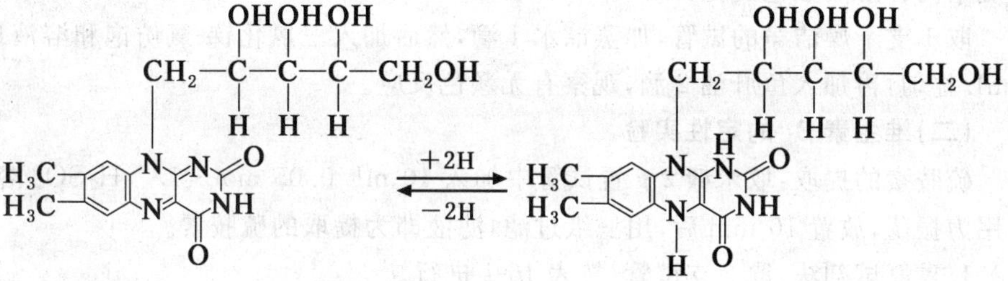

核黄素的激发光波长范围为 440～500 nm（一般定为 460 nm），发射光波长范围为 510～550 nm（一般定为 520 nm）。利用核黄素在稀溶液中荧光的强度与核黄素的浓度成正比可进行定量分析。

二、实验用品

1. 材料：鱼肝油（市售），植物油，米糠。

2. 器材：台秤，滤纸，漏斗，试管及试管架，滴管，移液管，量筒，UV 灯。

3. 试剂：精馏氯仿：用蒸馏水洗涤市售氯仿 2～3 次，加一些煅烧过的碳酸钠或无水硫酸钠进行干燥，并在暗色烧瓶中蒸馏三氯化锑-氯仿饱和溶液，用少量精馏氯仿反复洗涤三氯化锑，直到氯仿不再显色为止，再将三氯化锑放在干燥器中，用硫酸干燥。用干燥的三氯化锑和精馏氯仿配制饱和溶液；醋酸酐；$NaHCO_3$ 碱性溶液：将 5.76% $NaHCO_3$ 及 4% NaOH 等量混合即成，或称取 NaOH 2.0 g 溶于 60 mL 蒸馏水中，加 $NaHCO_3$ 2.88 g，混匀后，用水稀释至 100 mL；重氮试剂：取 0.5 g 对氨基苯黄酸溶于 9 mL 浓 HCl 中，加蒸馏水至 100 mL，此即为对氨基苯磺酸母液，应保存于暗处，临用时先将 50 mL 量筒浸于冰水中，加入对氨基苯黄酸母液 1.5 mL，再加 5%亚硝酸钠液 1.5 mL，摇匀。在冰水中保持 5 min 后，再加亚硝酸钠 6 mL，摇匀，再浸 5 min，然后加水至 50 mL 刻度，混匀之，仍留在冰水中备用，此液须在配成 15 min 后，才能使用，但不能超过 24 h；0.2%硫胺素溶液；1%铁氰化钾溶液；异丁醇；30% NaOH；核黄素溶液；2.5% $NaHSO_3$ 溶液（用 2%

Na_2CO_3 溶液作溶剂）。

三、实验内容与操作

(一)维生素 A 的定性实验

取 2 支干燥洁净的试管，分别加入鱼肝油、植物油各 2 滴，再各加氯仿 0.5 mL 和醋酸酐 2 滴。摇匀后，再各逐滴加入三氯化锑-氯仿饱和溶液 1～2 mL 摇匀，注意观察两管溶液颜色变化。

取 1 支干燥洁净的试管，加蒸馏水 1 滴，然后加入三氯化锑-氯仿饱和溶液1～2 mL 摇匀，再加入鱼肝油 2 滴，观察有无颜色反应。

(二)维生素 B_1 的定性实验

硫胺素的提取：取米糠 2 g 置试管中加入 10 mL 0.05 mol・L^{-1} H_2SO_4 溶液并用力振荡，放置 10 min 后，用滤纸过滤，滤液即为提取的硫胺素。

1. 重氮试剂法：取 2 支试管，按表 16-1 进行。

表 16-1　重氮试剂反应　　mL

管号	0.2%硫胺素	滤液	重氮试剂	$NaHCO_3$ 碱性溶液		结果
1	1		2	1	摇匀静置 5 min 观察结果	
2		1	2	1		

2. 荧光法：取 2 支试管，按表 6-2 进行。

表 16-2　荧光法定性测定维生素 B_1　　mL

管号	0.2%硫胺素	滤液	$K_3Fe(CN)_6$	30%NaOH	异丁醇	待两相分开后观察颜色变化
1	1		2	1	2	
2		1	2	1	2	

(三)维生素 B_2 的定性实验

取 2 支试管，各加入 1 mL 核黄素溶液，观察黄绿色荧光。在一管中加入 5～10 滴 $NaHSO_3$ 溶液，比较两管的荧光，充分摇匀后在 UV 灯下比较两管荧光。

四、注意事项

1. 维生素 A 的定性实验中，加完试剂后，摇匀过程中就开始观察溶液颜色的变化，一般是先呈土红色再变为褐色，最后变成蓝色，且变化迅速。

2. 维生素 A 的定性实验中，为防止反应形成的蓝色过快退色，可将三氯化锑-氯仿溶液在冰水中预冷。

3. 维生素 A 的定性实验中，所使用的试剂和器材必须绝对干燥，以免三氯化锑水解而影响实验效果。

4. 维生素 A 的定性实验中，凡接触过三氯化锑的玻璃器皿先用 10% 盐酸洗涤后，再用水冲洗。

5. 维生素 B_1 的定性实验中，重氮试剂稀释后 15 min 方能使用，24 h 内有效。

五、作业与思考题

1. 维生素 A 定性实验中所用的试剂、器材为什么必须绝对干燥？

2. 用目测结果颜色深浅，比较标准硫胺素与米糠中含维生素 B_1 的量。

实验十七　糖酵解中间产物的鉴定

一、实验目的与原理

1. 目的：了解糖酵解过程的某一中间步骤，学习利用抑制剂来研究中间代谢的方法。

2. 原理：利用碘乙酸对糖酵解过程中3-磷酸甘油醛脱氢酶的抑制作用，使3-磷酸甘油醛不再向前变化而积累。硫酸肼作为稳定剂，可保护3-磷酸甘油醛使不自发分解。然后用2,4-二硝基苯肼与3-磷酸甘油醛在碱性条件下形成2,4-二硝基苯肼-丙糖的棕色复合物，其棕色程度与3-磷酸甘油醛含量成正比。

二、实验用品

1. 材料：酵母。

2. 器材：恒温水浴锅，1.5 cm×15 cm试管，1 mL、2 mL、10 mL移液管，50 mL烧杯。

3. 试剂：2,4-二硝基苯肼：称取0.1 g 2,4-二硝基苯肼溶于100 mL 2 $mol \cdot L^{-1}$盐酸溶液中，过滤，贮于棕色瓶备用；0.56 $mol \cdot L^{-1}$硫酸肼溶液：称取7.28 g硫酸肼溶于50 mL水中，这时不易全部溶解，当加入1 $mol \cdot L^{-1}$ NaOH使pH达7.4时则完全溶解，然后用水稀释至100 mL；5%葡萄糖溶液；10%三氯醋酸：将10 g三氯醋酸溶于100 mL蒸馏水中；0.75 $mol \cdot L^{-1}$ NaOH溶液；0.002 $mol \cdot L^{-1}$碘乙酸：称3.72 g碘乙酸溶于50 mL水，用1 $mol \cdot L^{-1}$NaOH调pH达7.4，然后用水稀释至100 mL。

三、实验内容与操作

1. 取3只小烧杯，分别加入新鲜酵母0.3 g，并按表17-1分别加入各试剂，混匀。

2. 将各烧杯混合物分别倒入编号相同的发酵管内，放入37℃保温1.5 h，观察发酵管产生气泡的量有何不同。

表 17-1　观察发酵管产生气泡的各试剂用量　mL

杯号	5%葡萄糖	10%三氯醋酸	碘乙酸	硫酸肼	发酵时气泡多少
1	10		1	1	
2	10	—	1	1	
3	10	—	—	—	

3. 把发酵管中发酵液倾倒入编号相同小烧杯中，并在 2 和 3 号杯中按表 17-2 补加各试剂，摇匀放 10 min 后和第一只烧杯中内容物一起分别过滤，取滤液进行测定。

表 17-2　补加试剂用量　mL

杯号	10%三氯醋酸	碘乙酸	硫酸肼
2	2	—	—
3	2	1	1

4. 取 3 个试管，分别加入上述滤液 0.5 mL，并按表 17-3 加入试剂和处理。

表 17-3　酵解中间产物的鉴定　mL

管号	滤液	0.75 mol·L^{-1} NaOH		2,4-二硝基苯肼		0.75 mol·L^{-1} NaOH	观察结果
1	0.5	0.5	室温放置 10 min	0.5	37℃水浴保温 10 min	3.5	
2	0.5	0.5		0.5		3.5	
3	0.5	0.5		0.5		3.5	

四、注意事项

在磷酸丙糖与 2,4-二硝基苯肼成腙反应前，溶液须先碱化并在室温放置 10 min，只有使磷酸丙糖中的磷酸基水解脱去，生成的颜色才比较稳定。

五、作业与思考题

1. 糖酵解的中间产物有哪些？此实验检查的是哪些？

2. 实验中哪一发酵管生成的气泡最多？哪一管最后生成的颜色反应最深？为什么？

实验十八　DEAE-纤维素薄板层析法分离鉴定核苷酸

一、实验目的与原理

1. 目的：掌握DEAE-纤维素薄板层析法测定核苷酸的原理和方法。

2. 原理：二乙氨基乙基纤维素，简称DEAE-纤维素，结构式如下：

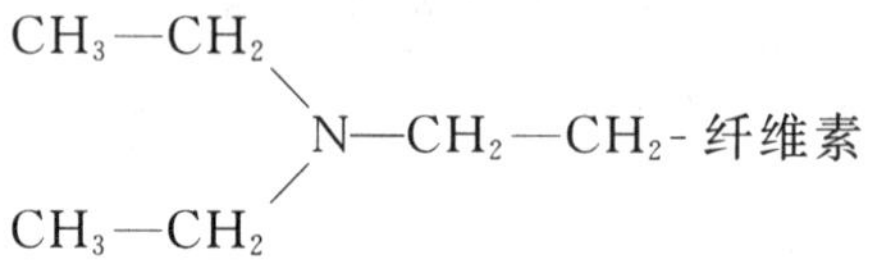

它是弱碱性阴离子交换剂，在pH 3.5左右 

解离成 

季铵型。

带负电荷的核苷酸离子就被交换上去。控制溶液的pH，使各种核苷酸所带净电荷不同，与DEAE-纤维素的亲和力也就不同，从而达到分离的目的。

二、实验用品

1. 材料：核苷酸样品。

2. 器材：4 cm×15 cm玻璃片，尼龙布，pH试纸（pH 1～14），电动搅拌器，水平板，水平仪，铅笔，紫外分析仪，电吹风，1 000 mL烧杯，1 000 mL吸滤瓶，布氏漏斗，10 μL微量点样管。

3. 试剂：DEAE-纤维素；1 mol·L^{-1} NaOH溶液；1 mol·L^{-1} HCl溶液；0.05 mol·L^{-1}柠檬酸-柠檬酸钠缓冲液（pH 3.5）：称取柠檬酸12.20 g，柠檬酸钠6.70 g，溶于蒸馏水，稀释至2 000 mL。

三、实验内容与操作

（一）DEAE-纤维素的处理

先用水洗，抽干后用4倍体积1 mol·L^{-1} NaOH溶液浸泡4 h（或搅拌2 h），抽干,蒸馏水洗至中性,再用 4 倍体积 1 mol·L^{-1} HCl 浸泡 2 h(或搅拌 1 h)抽干蒸馏水洗至 pH 4 备用。

(二)铺板

将处理过的 DEAE-纤维素放在烧杯里,加水调成稀糊状,搅匀后立即倒在干净玻璃板上,涂成均匀的薄层,放在水平板上,自然干燥或 60℃烘干,备用。

(三)点样

在已烘干的薄板一端 2 cm 处用铅笔轻划一基线,用微量点样管取样液10 μL,点在基线上,用冷风吹干。

(四)展层

在烧杯内置 pH 3.5 柠檬酸-柠檬酸钠缓冲液(液体厚度约 1 cm),把点过样的薄板倾斜插入此烧杯内(点样端在下),溶剂由下而上流动。

(五)紫外检测

当溶剂前沿到达距离玻板上端约 1 cm 处(10 min 左右)取出薄板,用热风吹干,用 260 nm 紫外线照射 DEAE-纤维素层观看斑点(图 18-1)。DEAE-纤维素经处理可反复使用。此法具有快速、灵敏的特点。

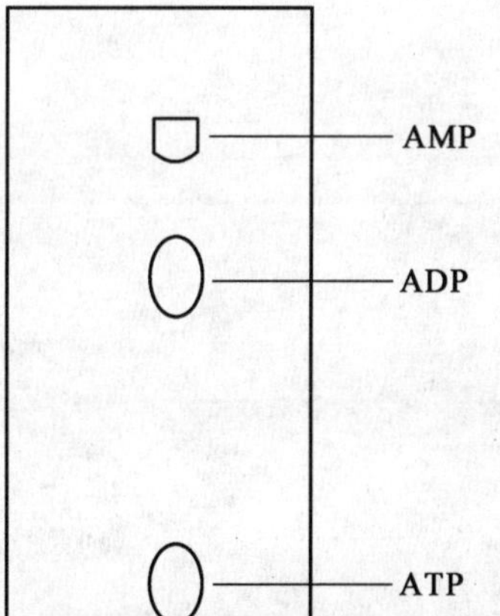

图 18-1 ATP、ADP 和 AMP 的 DEAE-纤维素薄板层析图谱

四、注意事项

1. 铺板时,DEAE-纤维素糊稀稠要适中,若铺厚板增加稠度,铺薄板则降低稠度。

2. 点样要迅速,否则薄板因吸收空气中的水分而影响分离效果。

五、作业与思考题

1. AMP、ADP 和 ATP 3 种核苷酸,哪种走在最前端?为什么?
2. 如何用薄层层析法对核苷酸进行定量分析?
3. 薄层层析与纸层析相比,其优劣在哪?

实验十九　酵母 RNA 的提取及含量测定

一、实验目的与原理

1. 目的：掌握 RNA 的提取方法，学会使用地衣酚法定性鉴定 RNA 和定量测定其含量。

2. 原理：一般的生物细胞中同时含有 DNA 和 RNA，在酵母中 RNA 比 DNA 的含量高得多，DNA 则少于 2%（0.03%～0.516%），故在实验室常用酵母作为 RNA 提取的材料。若要制备具有生物活性的 RNA，常用苯酚法；若对生物活性没有要求，则可使用浓盐酸法，稀碱法等。本实验采用的稀碱，既可加速细胞的破裂，又可增大 RNA 的溶解度。当碱被中和后，可用乙醇将 RNA 沉淀，此为 RNA 粗品。

从化学组成来说，RNA 由碱基、磷酸和戊糖组成。RNA 与浓盐酸共热时发生降解，生成的核糖继而在浓酸中脱水环化成糠醛，后者与 3,5-二羟基甲苯（地衣酚）反应呈绿色复合物。反应如下：

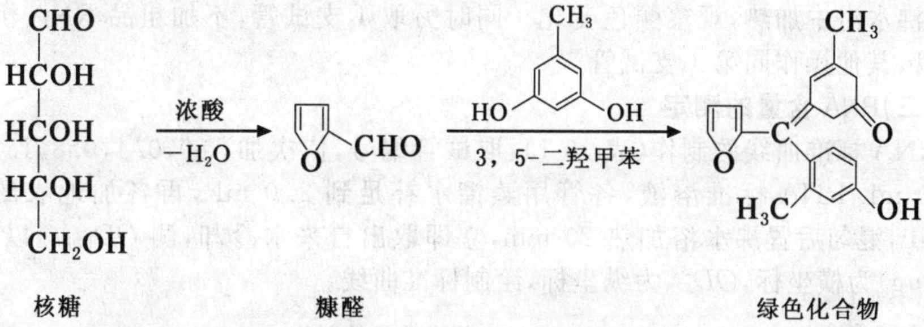

这种复合物在 670 nm 处有最大光吸收。当 RNA 浓度在 10～200 $\mu g \cdot mL^{-1}$ 范围内，其含量与吸光度成正比，可用比色法测定。地衣酚反应的灵敏度高但特异性较差，凡戊糖均有此反应，样品中有蛋白质、黏多糖或大量 DNA 时对测定有干扰。其中蛋白质可用 5% 三氯乙酸沉淀后再测定。有大量 DNA 存在时，加入适量的 $CuCl_2 \cdot H_2O$ 可减小干扰。

二、实验用品

1. 材料：干酵母粉。

2. 器材：试管，移液管，玻棒，电炉，离心机，分析天平，可见分光光度计。

3. 试剂：地衣酚试剂：100 mg 地衣酚，溶于 100 mL 浓盐酸（AR）中，再加入 100 mg $FeCl_3 \cdot 6H_2O$（或等量 CuO）此液需临用前配制；0.2% NaOH 及 10% H_2SO_4；乙酸及无水乙醚；95%乙醇及无水乙醇；RNA 标准溶液：精确称取 100.0 mg 纯 RNA（酵母），用少量 0.2% NaOH 溶解后，再加少量蒸馏水摇匀。滴加乙酸调 pH 至 7.0，用蒸馏水定容至 1 000 mL，即得 100 $\mu g \cdot mL^{-1}$ 的 RNA 标准溶液（所用 RNA 最好与被测样同源，其准确含量可用定磷法确定）；RNA 样品待测液：按 RNA 标准溶液的溶解方法溶解，配成 50～200 $\mu g \cdot mL^{-1}$ 的样品液。

三、实验内容与操作

（一）RNA 的提取

称取 1 g 干酵母粉于试管中，加 10 mL 0.2% 的 NaOH，沸水浴中搅拌提取 10 min。冷却后滴加 10 滴乙酸使其略偏酸性。离心（3 500 $r \cdot min^{-1}$，10 min），去除沉淀，向上清液中加入 10 mL 95%乙醇。待完全沉淀后离心（3 500 $r \cdot min^{-1}$，10 min），去上清液。将沉淀移至试管，即为粗 RNA。

（二）RNA 的定性鉴定

取沉淀加入 2 mL 10% H_2SO_4，沸水浴中 5 min，冷却后加入 1.5 mL 地衣酚试剂，沸水浴中加热，观察颜色变化。同时另取 1 支试管，不加粗品 RNA 沉淀作对照管，其他操作同第 1 支试管。

（三）RNA 含量的测定

RNA 标准曲线的制作（表 19-1）：取试管编号，依次加入 0，0.4，0.8，1.2，1.6 和 2.0 mL RNA 标准溶液，各管用蒸馏水补足到 2.0 mL，再各加地衣酚试剂 2.0 mL，混匀后置沸水浴加热 20 min，立即取出自来水冷却，测 OD_{670}。以 RNA 含量（μg）为横坐标，OD_{670} 为纵坐标，绘制标准曲线。

表 19-1 RNA 标准曲线的制作 mL

试剂	管号					
	1	2	3	4	5	6
RNA 标准溶液	0	0.4	0.8	1.2	1.6	2.0
蒸馏水	2.0	1.6	1.2	0.8	0.4	0
地衣酚试剂	2.0	2.0	2.0	2.0	2.0	2.0
	摇匀，沸水浴 20 min，流动水冷却					
OD_{670}						

待测样品中 RNA 的测定：取试管 2 支，各加 2.0 mL 待测液（内含 RNA 应在标准曲线的可测范围内）；另取试管 1 支，加 2.0 mL 蒸馏水作为空白管。再向各管加 2.0 mL 地衣酚试剂，摇匀。沸水浴加热 20 min，立即取出自来水冷却，测 OD_{670}。

RNA 含量的计算：根据测得的 OD_{670}，从标准曲线上查出相应的含量，按下式计算出待测样品中 RNA 的百分含量：

$$\text{RNA}=\frac{\text{待测液中测得的 RNA 质量}}{\text{待测液中样品的质量}}\times 10\times 100\%$$

四、注意事项

1. 沸水浴搅拌提取时应谨慎。
2. 离心前离心管应配平。

五、作业与思考题

1. 本实验采用的稀碱法为何提取的多是 RNA 而非 DNA？
2. 你能知道 CuO 或 $FeCl_3\cdot 6H_2O$ 在地衣酚法测定 RNA 中的作用吗？

实验二十　动物组织中DNA的提取

一、实验目的与原理

1. 目的：学习和掌握用浓盐法从动物组织中提取DNA的原理与技术，掌握生物大分子分离提纯的一般原理和方法。

2. 原理：核酸和蛋白质在生物体中以核蛋白的形成存在，细胞破碎后，脱氧核糖核蛋白与核糖核蛋白混杂在一起，所以要分离DNA首先要将这两种核蛋白分开。动植物的DNA核蛋白能溶于高浓度的盐溶液(如1 $mol \cdot L^{-1}$ NaCl)，但在0.14 $mol \cdot L^{-1}$的盐溶液中溶解度很低，而RNA核蛋白则溶于0.14 $mol \cdot L^{-1}$盐溶液。故可利用不同浓度的氯化钠溶液，将脱氧核糖核蛋白和核糖核蛋白从样品中分别抽提出来。

将抽提得到的脱氧核糖核蛋白用蛋白质变性剂如SDS(十二烷基硫酸钠)处理，DNA即与蛋白质分开，再用氯仿-异戊醇将蛋白质沉淀除去，而DNA则溶解于溶液中。向含有DNA的水相中加入冷乙醇，DNA即呈纤维状沉淀出来。

本实验选用猪脾脏(或肝脏)为材料，用浓盐法提取DNA。

二、实验用品

1. 材料：猪肝或小白鼠的肝脏。

2. 器材：分光光度计，匀浆器，50 mL、10 mL量筒，离心机及离心管，试管及试管架，0.50 mL、1.0 mL、2.0 mL和5.0 mL吸管。

3. 试剂：0.1 $mol \cdot L^{-1}$ NaCl-0.05 $mol \cdot L^{-1}$柠檬酸钠溶液(pH 6.8)；0.015 $mol \cdot L^{-1}$ NaCl-0.001 5 $mol \cdot L^{-1}$柠檬酸三钠溶液：氯化钠0.828 g及柠檬酸三钠0.341 g溶于蒸馏水，稀释至1 000 mL；5%SDS溶液：5 g SDS溶于100 mL水中；V(氯仿)∶V(异戊醇)混合液20∶1；95%乙醇(A.R.)；氯仿(A.R.)；NaCl固体(A.R.)。

三、实验内容与操作

1. 称取新鲜猪肝8 g，用预冷的0.1 $mol \cdot L^{-1}$ NaCl-0.05 $mol \cdot L^{-1}$柠檬酸钠缓冲液冲洗除去血污，在冰浴上剪成碎末，再用匀浆器磨碎(冰浴)，加入相当于2

倍肝重的 0.1 $mol \cdot L^{-1}$ NaCl-0.05 $mol \cdot L^{-1}$ 柠檬酸钠缓冲液，研磨 3 次，然后倒出匀浆物，匀浆物在 4 000 $r \cdot min^{-1}$ 下离心 10 min；沉淀中再加入 25 mL 缓冲液，于4 000 $r \cdot min^{-1}$ 离心 20 min；取沉淀。

2. 在上述沉淀中加入 40 mL 0.1 $mol \cdot L^{-1}$ NaCl-0.05 $mol \cdot L^{-1}$ 柠檬酸钠缓冲液、20 mL 氯仿-异戊醇混合液、4 mL 5% SDS 使其终浓度为 0.41%，振摇 30 min，然后缓慢加固体 NaCl，使其终浓度为 1 $mol \cdot L^{-1}$（约 3.6 g）。继续搅拌，以确保 NaCl 全部溶解，此时可见溶液由黏稠变稀薄。将上述混合液在 3 500 $r \cdot min^{-1}$ 离心 20 min，取上清水相。

3. 在上述水相溶液中加入等体积预冷 95% 乙醇，边加边用玻璃棒慢慢搅动，此时玻璃棒搅动的目的在于把黏稠丝状物缠在玻璃棒上，直至再无黏稠丝状物出现为止。将缠绕在玻棒上的凝胶状物用滤纸吸去多余的乙醇，即得 DNA 粗品。

4. 提纯：将上述所得的 DNA 粗品置于 20 mL 0.015 $mol \cdot L^{-1}$ NaCl-0.001 5 $mol \cdot L^{-1}$ 柠檬酸三钠溶液中，加入 1 倍体积的氯仿-异戊醇混合液，振摇 10 min，离心（4 000 $r \cdot min^{-1}$，10 min），倾出上层液（沉淀弃去），加入 1.5 倍体积 95%乙醇，DNA 即沉淀析出。离心，弃去上清液，沉淀（粗 DNA）按本操作步骤重复一次。最后所得沉淀用无水乙醇洗涤 2 次，置真空干燥器内干燥，即得白色纤维状 DNA 钠盐。称取重量，计算产率。

四、注意事项

1. 整个提取过程应在较低温度下进行。

2. 防止过酸、过碱，避免剧烈搅拌及其他引起核酸降解因素的作用。

五、作业与思考题

1. 采用什么方法可以对 DNA 进行定性鉴定？

2. 在实验提纯前所进行的 3 个步骤操作中所得到的沉淀分别含何种成分？

3. 从动物组织提取 DNA，重要的是要防止核酸酶的作用，为此实验过程中采取了哪些措施？

实验二十一 DNA的琼脂糖凝胶电泳

一、实验目的与原理

1. 目的：学习并掌握琼脂糖凝胶电泳的原理和基本操作，了解琼脂糖凝胶电泳是分离、分析 DNA 的重要方法。

2. 原理：琼脂糖凝胶电泳是分子生物学中最常用的分离、鉴定和纯化 DNA 的有效方法。用琼脂糖为电泳支持物进行平板电泳，操作简单，需样品量少，电泳速度快，电泳图谱清晰，分辨率高，重复性好，制成干膜可长期保存。

DNA 分子在琼脂糖凝胶中泳动时有电荷效应和分子筛效应，前者由分子所带电荷量的多少而定，后者则主要与分子大小及构象有关。DNA 分子在高于其等电点的 pH 溶液中带负电荷，在电场中向正极移动。由于糖-磷酸骨架在结构上的重复性质，相同数量的双链 DNA 几乎具有等量的净电荷，因此它们能以同样的速度向正极移动。

琼脂糖凝胶电泳对核酸的分离作用主要依据它们的相对分子质量及分子构型，同时与凝胶的浓度也有密切关系，此外还受到电流强度、缓冲液离子强度等的影响。

DNA 分子的大小：具有不同相对分子质量的 DNA 片段泳动速度不同，DNA 分子的迁移速度与其相对分子质量的对数成反比。但是当 DNA 分子大小超过 20 kb 时，普通琼脂糖凝胶就很难将它们分开。此时电泳的迁移率不再依赖于分子大小。

核酸构型：同样相对分子质量的 DNA，超螺旋共价闭环质粒 DNA（covalently closed circular DNA，ccc DNA）迁移速度最快，线状 DNA（linear DNA）其次，开环 DNA（open circular DNA，ocDNA）最慢。

琼脂糖的浓度：当琼脂糖浓度太高时，环状 DNA（一般为球形）不能进入胶中，相对迁移率为 0（$R_m=0$），而同等大小的直线双链 DNA（刚性棒状）则可以长轴方向前进（$R_m>0$）。不同大小的 DNA 需要用不同浓度的琼脂糖凝胶进行电泳分离。如表 22-1 所示。

表 21-1　不同浓度琼脂糖凝胶分离 DNA 分子的范围

琼脂糖浓度(%)	0.3	0.6	0.7	0.9	1.2	1.5	2.0
线状 DNA 大小(kb)	5～60	1～20	0.8～10	0.5～7	0.4～6	0.2～4	0.1～3

由于样品质粒 pBR322 DNA 为 4.3 kb,所以本实验选用 0.8%的琼脂糖凝胶。琼脂糖凝胶电泳所需 DNA 样品量仅为 0.5～1 μg,超薄型平板琼脂糖凝胶电泳所需 DNA 可少于 0.5 μg。质粒 DNA 在细胞内存在可以有 3 种形式:共价闭环、线状 DNA 和开环的双链环状 DNA。

观察琼脂糖凝胶中 DNA 的最简便方法是利用荧光染料溴乙锭(ethidium bromide,简称 EB)染色,EB 在波长 254 nm 紫外光照射下,DNA 显橘红色荧光。当 DNA 样品在琼脂糖凝胶中电泳时,加入的 EB 就插入 DNA 分子中的碱基对之间,形成荧光结合物。而荧光的强度与 DNA 的含量成正比,如将已知浓度的标准样品作电泳对照,可估计出待测样品的浓度。EB 染色具有以下特点:操作简便快速,灵敏度高,核酸不会断裂,用紫外吸收可随时跟踪检查。

二、实验用品

1. 材料:大肠杆菌 pBR322。

2. 器材:Eppendorf 管,Tip,锥形瓶,滴管,一次性手套,烧杯,量筒,移液器,微波炉,水平式电泳槽,紫外检测仪,稳压电泳仪,水平仪,摄影设备。

3. 试剂:pH 8.0 TBE 缓冲液;5×TBE(5 倍体积的 TBE 贮存液):每升含 Tris 54 g,硼酸 27.5 g,0.5 $mol \cdot L^{-1}$ EDTA 20 mL (pH 8.0);凝胶加样缓冲液:0.2%溴酚蓝,50%蔗糖;称取溴酚蓝 200 mg,加重蒸水 10 mL,在室温下过夜,待溶解后再称取蔗糖 50 g,加重蒸水溶解后移入溴酚蓝溶液中,摇匀后加重蒸水定容至 100 mL,加 10 $mol \cdot L^{-1}$ NaOH 1～2 滴,调至蓝色; 10 $mg \cdot mL^{-1}$溴化乙锭(EB)溶液:戴手套谨慎称取溴化乙锭(相对分子质量 394.33)约 200 mg 于棕色试剂瓶内,按 10 $mg \cdot mL^{-1}$的浓度加重蒸水配制,溶解后,瓶外面用锡纸包好,并贮于 4℃冰箱,备用;1 $mg \cdot mL^{-1}$溴化乙锭(EB)溶液:戴手套取 10 $mg \cdot mL^{-1}$ EB 溶液 10 mL 于棕色试剂瓶内,外面用锡纸包好,加入 90 mL 重蒸水,轻轻摇匀,置 4℃冰箱备用;琼脂糖;DNA 相对分子质量标准品(marker)。

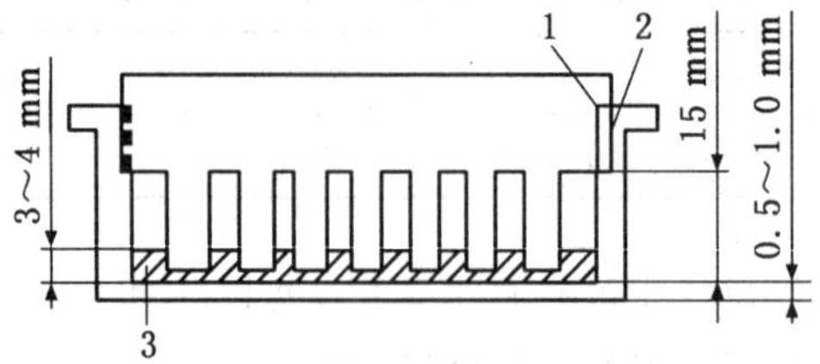

a. 剖视图

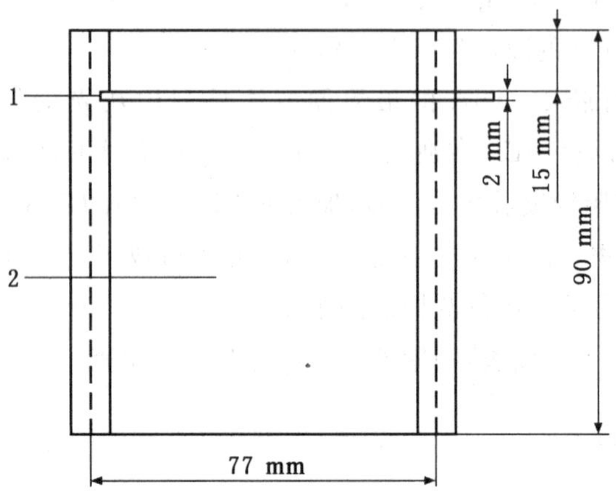

b. 俯视图

图 21-1 凝胶托盘和样品槽模板

1.样品槽模板(梳子) 2.凝胶托盘 3.凝胶

三、实验内容与操作

(一)琼脂糖凝胶的制备

称取 0.28 g 琼脂糖,放入锥形瓶中,加入 35 mL 1×TBE 缓冲液,用微波炉或水浴加热至完全溶化取出摇匀,琼脂糖的浓度为 0.8%。待琼脂糖凝胶溶液冷却至 50℃,再加入溴乙锭,使其最终浓度为 0.5 $\mu g \cdot mL^{-1}$。

(二)凝胶板的制备

一般可选用微型水平式电泳槽(30～35 mL 胶)。

用胶带将有机玻璃内槽的两端边缘封好,并置于一水平位置。

选择孔径适宜的梳子,垂直架在有机玻璃内槽的一端,使梳齿距玻璃板之间尚有 0.5～1.0 mm 的距离。

将冷到50℃左右的琼脂糖凝胶，缓缓倒入有机玻璃内槽，厚度适宜（注意不要有气泡）。

待凝胶凝固后，小心取出梳子，并取下两端的胶带，放入电泳槽内。

加入足够的TBE电泳缓冲液，使液面略高出凝胶面。

（三）加样

待测pBR322质粒DNA中加1/5体积的溴酚蓝指示剂，混匀后用移液器将其加入加样孔（梳孔）。加样时，移液器针头穿过缓冲液小心插入加样槽底部，缓慢地将样品推进槽内，让其集中沉于槽底部。记录样品点样次序与点样量。

（四）电泳

接通电泳槽与电泳仪的电源（注意电极的负极在点样孔一边，DNA片段从负极向正极移动），DNA的迁移速度与电压成正比，最高电压不超过5 V·cm^{-1}（微型电泳槽一般用40 V）。

当溴酚蓝染料移动到距凝胶前沿1～2 cm处，停止电泳。

（五）观察

小心在紫外灯下观察凝胶，有DNA处应显出橘红色荧光条带（在紫外灯下观察时应戴上防护眼镜），记录电泳结果或直接拍照。

四、注意事项

1. 制备琼脂糖凝胶时，胶层内不要有气泡。

2. 溴化乙锭（EB）是较强的致突变剂，也是较强的致癌物，应戴手套谨慎称取，如有液体溅出外面，可加少量漂白粉，使EB分解。

五、作业与思考题

1. 本实验能否直接用蒸馏水配制一定浓度的琼脂糖凝胶？为什么？

2. 核酸的染色剂有多种，但EB染色具有很多特点。用EB对DNA染色一般有3种方法：①在制胶中与电极缓冲液中同时加入EB；②只在制胶中加入EB，而在电极缓冲液中不加EB；③电泳结束后取出琼脂糖凝胶，放在含有EB的电泳缓冲液中染色。本实验用何种染色法？所用EB的浓度为多少？

附录一　玻璃仪器的洗涤及各种洗液的配制

实验中往往由于仪器的不清洁或被污染而造成较人的实验误差，甚至会出现相反的结果。因此，玻璃仪器的洗涤清洁工作非常重要。

一、初用玻璃仪器的清洗

新购买的玻璃仪器表面常附有游离的碱性物质，可先用洗涤灵稀释液、肥皂水或去污粉等洗刷后再用自来水洗干净，然后浸泡在1%～2%盐酸溶液中过夜(不少于4 h)，再用自来水冲洗，最后用蒸馏水冲洗2～3次，80～100℃烘箱内烤干或倒置晾干备用。

二、使用过的玻璃仪器的清洗

1. 一般玻璃仪器：如试管、烧杯、锥形瓶等(包括量筒)，先用自来水洗刷至无污物，再选用大小合适的毛刷蘸取洗涤灵稀释液或浸入洗涤灵稀释液内，将器皿内外(特别是内壁)细心刷洗，用自来水冲洗干净后，再用蒸馏水冲洗2～3次，烤干或倒置在清洁处，干后备用，凡洗净的玻璃器皿，不应在器壁上挂有水珠，否则表示尚未洗干净，应再按上述方法重新洗涤。若发现内壁有难以去掉的污迹，应分别使用洗涤剂予以清除，再重新冲洗。

2. 量器：如移液管、滴定管、量瓶等。使用后应立即浸泡于凉水中，勿使物质干涸。工作完毕后用流水冲洗，以除去附着的试剂、蛋白质等物质。晾干后浸泡在铬酸溶液中4～6 h(或过夜)，再用自来水充分冲洗，最后用蒸馏水冲洗2～4次，风干备用。

3. 其他：具有传染性样品的容器，如病毒、传染病患者的血清等玷污过的容器，应先进行高压(或其他方法)消毒后再进行清洗。盛过各种有毒药品，特别是剧毒药品和放射性同位素等物质的容器，必须经过专门处理，确知没有残余毒物存在后方可进行清洗。

三、比较脏的器皿或不便刷洗的器械的清洗

比较脏的器皿或不便刷洗的器械(如吸管)先用软纸擦去可能存在的凡士林或其他油污,用有机溶剂(如苯、煤油等)擦净,再用自来水冲洗后控干,然后放入铬酸洗液中浸泡过夜。取出后用自来水反复冲洗直至除去洗液,最后用蒸馏水洗数次。

四、干燥

普通玻璃器皿可在烘箱内烘干,但定量的玻璃器皿不能加热,一般采取控干或依次用少量酒精,乙醚洗后用温热的气流吹干。

五、洗涤液的种类和配制方法

1. 铬酸洗液(重铬酸钾-硫酸洗液,简称为洗液):广泛用于玻璃仪器的洗涤。常用的配制方法有如下 4 种。

(1)取 100 mL 工业硫酸置于烧杯内,小心加热,然后小心慢慢加入 5 g 重铬酸钾粉末,边加边搅拌,待全部溶解后冷却,贮于具有玻璃塞的细口瓶内。

(2)称取 5 g 重铬酸钾粉末置于 250 mL 烧杯中,加水 5 mL,尽量使其溶解。慢慢加入浓硫酸 100 mL,随加随搅拌。冷却后贮存备用。

(3)称取 80 g 重铬酸钾,溶于 1 000 mL 自来水中,慢慢加入工业硫酸 100 mL(边加边用玻璃棒搅拌)。

(4)称取 200 g 重铬酸钾,溶于 500 mL 自来水中,慢慢加入工业硫酸 500 mL(边加边搅拌)。

2. 浓盐酸(工业用):可洗去水垢或某些无机盐沉淀。

3. 5%草酸溶液:用数滴硫酸酸化,可洗去高锰酸钾的痕迹。

4. 5%~10%磷酸三钠溶液:可洗涤油污物。

5. 30%硝酸溶液:洗涤 CO_2 测定仪器及微量滴管。

6. 5%~10%乙二胺四乙酸二钠溶液:加热煮沸可除去玻璃仪器内壁的白色沉淀物。

7. 尿素洗涤液:为蛋白质的良好溶剂,用于洗涤盛有蛋白质制剂及血样的容器。

8. 酒精与浓硝酸混合液:最适合于洗净滴定管,在滴定管中加入 3 mL 酒精,然后沿管壁慢慢加入 4 mL 浓硝酸(相对密度 1.4),盖住滴定管管口,利用所产生的氧化氮洗净滴定管。

9.有机溶剂:如丙酮、乙醇、乙醚等可用于洗涤油脂、脂溶性染料等污痕。二甲苯可洗脱油漆的污垢。

10.氢氧化钾的乙醇溶液和含有高锰酸钾的氢氧化钠溶液:是两种强碱性的洗涤液,对于玻璃器皿的侵蚀性很强,清除容器内壁污垢,洗涤时间不宜过长。使用时应小心慎重。

附录二 试剂的配制与保存

一、生物化学实验室用的纯水

生物化学实验中大部分用于溶解、稀释和配制溶液的溶剂是水，都必须先经过纯化，经常使用的多为蒸馏水或去离子水。

分析要求不同，对水质的要求也不同，应根据不同要求，采用不同纯化方法制得纯水。

蒸馏水是将自来水在蒸馏装置中加热汽化，然后将蒸馏水冷凝即制得。由于杂质离子一般不挥发，所以蒸馏水中所含杂质比自来水少得多，比较纯净但仍有少量杂质。为了获得比较纯净的蒸馏水可以进行重蒸馏，如果要使用更纯净的蒸馏水，可进行第 3 次蒸馏或用石英蒸馏器再蒸馏。

去离子水是使用自来水通过离子交换树脂柱后所得的水。制备时，一般将水依次通过阳离子交换树脂柱、阴离子交换树脂柱及阴、阳离子树脂混合交换柱。这样得到的水纯度比蒸馏水纯度高。

二、化学试剂

(一)化学试剂的分级

试剂的纯度对分析结果准确度的影响很大，不同的实验分析对试剂纯度的要求也不相同。为正确使用试剂必须了解试剂的分类标准(附录表 2-1)。

附录表 2-1 化学试剂的分级

项目	质量次序				
	1	2	3	4	5
级别	1级	2级	3级	4级	5级
中国标准	保证试剂 优先纯	分析试剂 分析纯	化学纯 纯	实验试剂 化学用	生物试剂 按说明用
符号	G.R.	A.R.	C.P.	L.R.	B.R.
瓶签颜色	绿色标签	红色标签	蓝色标签	棕色标签	黄色等标签

G. R. 试剂用于基准物质和精密分析工作。A. R. 试剂的纯度略低于 G. R.

试剂，适用于大多数分析工作，为实验室广泛使用。C. P. 试剂质量略低于 A. R. 试剂适用于一般的科研和分析工作。此外，还有一些规格的试剂，如光谱纯试剂，其所含的杂质低于光谱分析法的检测限；色谱纯试剂是在最高灵敏度时以 10～10 g 下无杂质峰来表示的；还有纯度较低的工业试剂。

（二）试剂的保管

物质的保存方法，与物质的物理、化学性质有关。实验室中大部分试剂都具有多重性质，在保存时要综合考虑各方面因素，遵循相应的原则。一般应遵循以下原则。

密封：多数试剂都要密封存放，这是实验室保存试剂的一个重要原则。突出的有以下 3 类：①易挥发的试剂，如浓盐酸、浓硝酸、浓溴水等。②易与水蒸气、二氧化碳作用的试剂，如无水氯化钙、水玻璃等。③易被氧化的试剂（或还原性试剂），如亚硫酸钠、氢硫酸、硫酸亚铁等。

避光：见光或受热易分解的试剂，要避免光照，置阴凉处。如硝酸、硝酸银等，一般应盛放在棕色试剂瓶中。

防蚀：对有腐蚀作用的试剂，要注意防蚀。如氢氟酸不能放在玻璃瓶中；强氧化剂、有机溶剂不可用带橡胶塞的试剂瓶存放；碱液、水玻璃等不能用带玻璃塞的试剂瓶存放。

抑制：对于易水解、易被氧化的试剂，要加一些物质抑制其水解或被氧化。如氯化铁溶液中常滴入少量盐酸；硫酸亚铁溶液中常加入少量铁屑。

隔离：如易燃有机物要远离火源；强氧化剂（过氧化物或有强氧化性的含氧酸及其盐）要与易被氧化的物质（炭粉、硫化物等）隔开存放。

通风：多数试剂的存放，要遵循这一原则。特别是易燃有机物、强氧化剂等。

低温：对于室温下易发生反应的试剂，要采取措施低温保存。如苯乙烯和丙烯酸甲酯等不饱和烃及衍生物在室温时易发生聚合，过氧化氢易发生分解，因此要在 10℃以下的环境保存。

特殊：特殊试剂要采取特殊措施保存。如钾、钠要放在煤油中，白磷放在水中；液溴极易挥发，要在其上面覆盖一层水等。

（三）取用规则

1. 固体试剂的取用规则：要用干净的药勺取用。用过的药勺必须洗净和擦干后才能再使用，以免沾污试剂。

取用试剂后立即盖紧瓶盖。

称量固体试剂时，必须注意不要取多，取多的药品，不能倒回原瓶。

一般的固体试剂可以放在干净的纸或表面皿上称量。具有腐蚀性、强氧化性或易潮解的固体试剂不能在纸上称量，应放在玻璃容器内称量。

有毒的药品要在教师的指导下处理。

2.液体试剂的取用规则：从滴瓶中取液体试剂时，要用滴瓶中的滴管，滴管绝不能伸入所用的容器中，以免接触器壁而沾污药品。从试剂瓶中取少量液体试剂时，则需要专用滴管。装有药品的滴管不得横置或滴管口向上斜放，以免液体滴入滴管的胶皮帽中。

从细口瓶中取出液体试剂时，用倾注法。先将瓶塞取下，反放在桌面上，手握住试剂瓶上贴标签的一面，逐渐倾斜瓶子，让试剂沿着洁净的试管壁流入试管或沿着洁净的玻璃棒注入烧杯中。取出所需量后，将试剂瓶扣在容器上靠一下，再逐渐竖起瓶子，以免遗留在瓶口的液体滴流到瓶的外壁。

三、溶液混匀方法

配制溶液时，必须充分搅拌或振荡混匀后方可使用。常用的溶液混匀法有以下3种。

（一）搅拌式

适用于烧杯内溶液的混匀。

1.搅拌使用的玻璃棒必须两头都烧圆滑。

2.搅棒的粗细长短，必须与容器的大小和所配制的溶液的多少呈适当比例关系。

3.搅拌时，尽量使搅棒沿着器壁运动，不搅入空气，不使溶液飞溅。

4.倾入液体时，必须沿器壁慢慢倾入，以免有大量空气混入。倾倒表面张力低的液体（如蛋白质溶液）时，更需缓慢仔细。

5.研磨配制胶体溶液时，要使杵棒沿着研钵的一个方向进行，不要来回研磨。

（二）旋转式

适用于锥形瓶，大试管内溶液的混匀。振荡溶液时，手握住容器后以手腕、肘或肩作轴旋转容器，不应上下振荡。

（三）弹打式

适用于离心管、小试管内溶液的混匀。可由一手持管的上端用另一手的手指弹动离心管。也可以用同一手的大拇指和食指持管的上端，用其余3个手指弹动离心管。手指持管的松紧要随着振动的幅度变化。还可以把双手掌心相对合拢，夹住离心管来回搓动。

此外，在容量瓶中混合液体时，应倒持容量瓶摇动，用食指或手心顶住瓶塞，并不时翻转容量瓶；在分液漏斗中振荡液体时，应用一手在适当斜度下倒持漏斗，用食指或手心顶住瓶塞，并用另一手控制漏斗的活塞。一边振荡，一边开动活塞，使气体可以随时由漏斗泻出。

附录三　常用缓冲溶液的配制

常用的缓冲液列在下表中。绝大多数缓冲液的有效范围在其 pK_a 值左右 1 pH 单位。

酸或碱	pK_{a1}	pK_{a2}	pK_{a3}
磷酸	2.1	7.2	12.3
柠檬酸	3.1	4.8	5.4
碳酸	6.4	10.3	—
醋酸	4.8	—	—
巴比妥酸	3.4	—	—
Tris(三羟甲基氨基甲烷)	8.3	—	—

选择实验的缓冲系统时，要特别慎重。因为影响实验结果的因素有时并不是缓冲液的 pH 值，而是缓冲液中的某种离子。选用下列缓冲系统时应加以注意。

1. 硼酸盐：这个化合物能与许多化合物(如糖)生成复合物。

2. 柠檬酸盐：柠檬酸离子能与 Ca^{2+} 结合，因此不能在 Ca^{2+} 存在时使用。

3. 磷酸盐：它可能在一些实验中作为酶的抑制剂甚至代谢物起作用。重金属离子能与此溶液生成磷酸盐沉淀，而且它在 pH 7.5 以上的缓冲能力很小。

4. Tris：这个缓冲液能在重金属离子存在时使用，但也可能在一些系统中起抑制剂的作用。它的主要缺点是温度效应(此点常被忽视)。室温时 pH 7.8 的 Tris 缓冲液在 4℃时的 pH 为 8.4，在 37℃时为 7.4，因此一种物质在 4℃制备时到 37℃测量时其氢离子浓度可增加 10 倍之多。Tris 在 pH 7.5 以下的缓冲能力很弱。

(一)磷酸氢二钠-柠檬酸缓冲液

pH	0.2 mol·L^{-1} Na_2HPO_4 (mL)	0.1 mol·L^{-1} 柠檬酸 (mL)	pH	0.2 mol·L^{-1} Na_2HPO_4 (mL)	0.1 mol·L^{-1} 柠檬酸 (mL)
2.2	0.40	19.60	5.2	10.72	9.28
2.4	1.24	18.76	5.4	11.15	8.85
2.6	2.18	17.82	5.6	11.60	8.40
2.8	3.17	16.83	5.8	12.09	7.91
3.0	4.11	15.89	6.0	12.63	7.37
3.2	4.94	15.06	6.2	13.22	6.78
3.4	5.70	14.30	6.4	13.85	6.15
3.6	6.44	13.56	6.6	14.55	5.45
3.8	7.10	12.90	6.8	15.45	4.55
4.0	7.71	12.29	7.0	16.47	3.53
4.2	8.28	11.72	7.2	17.39	2.61
4.4	8.82	11.18	7.4	18.17	1.83
4.6	9.35	10.65	7.6	18.73	1.27
4.8	9.86	10.14	7.8	19.15	0.85
5.0	10.30	9.70	8.0	19.45	0.55

Na_2HPO_4相对分子质量 =141.98；0.2 mol·L^{-1}溶液为 28.40 g·L^{-1}。

$Na_2HPO_4 \cdot 2H_2O$ 相对分子质量 =178.05；0.2 mol·L^{-1}溶液含 35.61 g·L^{-1}。

$C_6H_8O_7 \cdot H_2O$ 相对分子质量 =210.14；0.1 mol·L^{-1}溶液为 21.01 g·L^{-1}。

(二)柠檬酸-柠檬酸钠缓冲液(0.1 mol·L^{-1})

pH	0.1 mol·L^{-1} 柠檬酸 (mL)	0.1 mol·L^{-1} 柠檬酸钠 (mL)	pH	0.1 mol·L^{-1} 柠檬酸 (mL)	0.1 mol·L^{-1} 柠檬酸钠 (mL)
3.0	18.6	1.4	5.0	8.2	11.8
3.2	17.2	2.8	5.2	7.3	12.7
3.4	16.0	4.0	5.4	6.4	13.6
3.6	14.9	5.1	5.6	5.5	14.5

续表

pH	0.1 mol·L⁻¹ 柠檬酸 (mL)	0.1 mol·L⁻¹ 柠檬酸钠 (mL)	pH	0.1 mol·L⁻¹ 柠檬酸 (mL)	0.1 mol·L⁻¹ 柠檬酸钠 (mL)
3.8	14.0	6.0	5.8	4.7	15.3
4.0	13.1	6.9	6.0	3.8	16.2
4.2	12.3	7.7	6.2	2.8	17.2
4.4	11.4	8.6	6.4	2.0	18.0
4.6	10.3	9.7	6.6	1.4	18.6
4.8	9.2	10.8			

柠檬酸 $C_6H_8O_7 \cdot H_2O$,相对分子质量 =210.14; 0.1 $mol \cdot L^{-1}$溶液为 21.01 $g \cdot L^{-1}$。

柠檬酸钠 $Na_3C_6H_5O_7 \cdot 2H_2O$,相对分子质量 =294.12; 0.1 $mol \cdot L^{-1}$溶液为 29.41 $g \cdot L^{-1}$。

(三)醋酸-醋酸钠缓冲液(0.2 $mol \cdot L^{-1}$)

pH (18℃)	0.2 mol·L⁻¹ NaAC (mL)	0.2 mol·L⁻¹ HAC (mL)	pH (18℃)	0.2 mol·L⁻¹ NaAC (mL)	0.2 mol·L⁻¹ HAC (mL)
3.6	0.75	9.25	4.8	5.90	4.10
3.8	1.20	8.80	5.0	7.00	3.00
4.0	1.80	8.20	5.2	7.90	2.10
4.2	2.65	7.35	5.4	8.60	1.40
4.4	3.70	6.30	5.6	9.10	0.90
4.6	4.90	5.10	5.8	9.40	0.60

$NaAC \cdot 3H_2O$ 相对分子质量 =136.09; 0.2 $mol \cdot L^{-1}$溶液为 27.22 $g \cdot L^{-1}$。

(四)磷酸盐缓冲液

1.磷酸氢二钠-磷酸二氢钠缓冲液(0.2 $mol \cdot L^{-1}$)

pH	0.2 mol·L^{-1} Na_2HPO_4 (mL)	0.2 mol·L^{-1} NaH_2PO_4 (mL)	pH	0.2 mol·L^{-1} Na_2HPO_4 (mL)	0.2 mol·L^{-1} NaH_2PO_4 (mL)
5.8	8.0	92.0	7.0	61.0	39.0
5.9	10.0	90.0	7.1	67.0	33.0
6.0	12.3	87.7	7.2	72.0	28.0
6.1	15.0	85.0	7.3	77.0	23.0
6.2	18.5	81.5	7.4	81.0	19.0
6.3	22.5	77.5	7.5	84.0	16.0
6.4	26.5	3.5	7.6	87.0	13.0
6.5	31.5	68.5	7.7	89.5	10.5
6.6	37.5	62.5	7.8	91.5	8.5
6.7	43.5	56.5	7.9	93.0	7.0
6.8	49.0	51.0	8.0	94.7	5.3
6.9	55.0	45.0			

$Na_2HPO_4 \cdot 2H_2O$ 相对分子质量 =178.05；0.2 mol·L^{-1}溶液为 35.61 g·L^{-1}。

$Na_2HPO_4 \cdot 12H_2O$ 相对分子质量 =358.22；0.2 mol·L^{-1}溶液为 71.64 g·L^{-1}。

$NaH_2PO_4 \cdot H_2O$ 相对分子质量 =138.01；0.2 mol·L^{-1}溶液为 27.6 g·L^{-1}。

$NaH_2PO_4 \cdot 2H_2O$ 相对分子质量 =156.03；0.2 mol·L^{-1}溶液为 31.21 g·L^{-1}。

2. 磷酸氢二钠-磷酸二氢钾缓冲液(1/15 mol·L^{-1})

pH	1/15 mol·L^{-1} Na_2HPO_4 (mL)	1/15 mol·L^{-1} KH_2PO_4 (mL)	pH	1/15 mol·L^{-1} Na_2HPO_4 (mL)	1/15 mol·L^{-1} KH_2PO_4 (mL)
4.92	0.10	9.90	7.17	7.00	3.00
5.29	0.50	9.50	7.38	8.00	2.00
5.91	1.00	9.00	7.73	9.00	1.00
6.24	2.00	8.00	8.04	9.50	0.50
6.47	3.00	7.00	8.34	9.75	0.25
6.64	4.00	6.00	8.67	9.90	0.10
6.81	5.00	5.00	8.18	10.00	0
6.98	6.00	4.00			

$Na_2HPO_4 \cdot 2H_2O$ 相对分子质量 =178.05；1/15 mol·L^{-1}溶液为 11.876 g·L^{-1}。

KH_2PO_4 相对分子质量 =136.09；1/15 mol·L^{-1}溶液为 9.078 g·L^{-1}。

(五)巴比妥钠-盐酸缓冲液(18℃)

pH	0.04 mol·L^{-1} 巴比妥钠溶液 (mL)	0.2 mol·L^{-1} 盐酸 (mL)	pH	0.04 mol·L^{-1} 巴比妥钠溶液 (mL)	0.2 mol·L^{-1} 盐酸 (mL)
6.8	100	18.4	8.4	100	5.21
7.0	100	17.8	8.6	100	3.82
7.2	100	16.7	8.8	100	2.52
7.4	100	15.3	9.0	100	1.65
7.6	100	13.4	9.2	100	1.13
7.8	100	11.47	9.4	100	0.70
8.0	100	9.39	9.6	100	0.35
8.2	100	7.21			

巴比妥钠盐相对分子质量 =206.18；0.04 mol·L^{-1}溶液为 8.25 g·L^{-1}。

(六)Tris-盐酸缓冲液(25℃)

50 mL 0.1 mol·L^{-1}三羟甲基氨基甲烷(Tris)溶液与 X mL 0.1 mol·L^{-1}盐酸混匀后，加水稀释至 100 mL。

pH	X(mL)	pH	X(mL)
7.10	45.7	8.10	26.2
7.20	44.7	8.20	22.9
7.30	43.4	8.30	19.9
7.40	42.0	8.40	17.2
7.50	40.3	8.50	14.7
7.60	38.5	8.60	12.4
7.70	36.6	8.70	10.3
7.80	34.5	8.80	8.5
7.90	32.0	8.90	7.0
8.00	29.2		

羟甲基氨基甲烷(Tris)相对分子质量 =121.14；0.1 mol·L^{-1}溶液为 12.114 g·L^{-1}。

Tris 溶液可从空气中吸收二氧化碳,使用时注意将瓶盖严。

(七)碳酸钠-碳酸氢钠缓冲液(0.1 mol·L^{-1})

pH		0.1 mol·L^{-1}	0.1 mol·L^{-1}
20℃	37℃	Na_2CO_3	$NaHCO_3$
9.16	8.77	1	9
9.40	9.12	2	8
9.51	9.40	3	7
9.78	9.50	4	6
9.90	9.72	5	5
10.14	9.90	6	4
10.28	10.08	7	3
10.53	10.28	8	2
10.83	10.57	9	1

$Na_2CO_3\cdot 10H_2O$ 相对分子质量 =286.2;0.1 mol·L^{-1}溶液为 28.62 g·L^{-1}。

$NaHCO_3$ 相对分子质量 =84.0;0.1 mol·L^{-1}溶液为 8.40 g·L^{-1}。

Ca^{2+}、Mg^{2+}存在时不得使用。

附录四　常用酸碱指示剂及有机溶剂的性质

一、常用酸碱指示剂的配制

（一）酚酞指示剂

取酚酞 1 g，加 95 %乙醇 100 mL 使溶解，即得。变色范围为 pH 8.3 ～ 10.0（无色—红）。

（二）淀粉指示液

取可溶性淀粉 0.5 g，加水 5 mL 搅匀后，缓缓倾入 100 mL 沸水中，随加随搅拌，继续煮沸 2 min，放冷，取上清液即得。注：本液应临用前配制。

（三）碘化钾淀粉指示液

取碘化钾 0.2 g，加新制的淀粉指示液 100 mL。使溶解，即得。

（四）甲基红指示液

取甲基红 0.1 g，加氢氧化钠液（0.05 mol · L^{-1}）7.4 mL 使溶解，再加水稀释至 200 mL，即得。变色范围为 pH 4.2 ～ 6.3（红—黄）。

（五）甲基橙指示液

取甲基橙 0.1 g，加水 100 mL 使溶解，即得。变色范围为 pH 3.2 ～ 4.4（红—黄）。

（六）中性红指示液

取中性红 0.5 g，加水使溶解成 100 mL，过滤，即得。变色范围为 pH 6.8 ～ 8.0（红—黄）。

（七）孔雀绿指示液

取孔雀绿 0.3 g，加冰醋酸 100 mL 使溶解，即得。变色范围为 pH 0.0 ～ 2.0（黄—绿）；11.0 ～ 13.5（绿—无色）。

（八）对硝基酚指示液

取对硝基酚 0.25 g，加水 100 mL 使溶解，即得。

（九）刚果红指示液

取刚果红 0.5 g，加 10 %乙醇 100 mL 使溶解，即得。变色范围为 pH 3.0 ～ 5.0（蓝—红）。

(十)结晶紫指示液

取结晶紫 0.5 g,加冰醋酸 100 mL 使溶解,即得。

二、常用酸碱试液配制及其相对密度、浓度

名称	化学式	相对密度(20℃)	质量分数(%)(g/g)	质量浓度($g\cdot mL^{-1}$)	物质的量浓度($mol\cdot L^{-1}$)	配制方法
浓盐酸	HCl	1.19	38	44.30	12	
稀盐酸	HCl			10	2.8	浓盐酸 234 mL 加水至 1 000 mL
浓硫酸	H_2SO_4	1.84	96～98	175.9	18	
稀硫酸	H_2SO_4			10	1	浓硫酸 57 mL 缓缓倾入约 800 mL 水中,并加水至 1 000 mL
浓硝酸	HNO_3	1.42	70～71	99.12	16	
稀硝酸	HNO_3			.10	1.6	浓硝酸 105 mL 缓缓加入约 800 mL 水中,并加水至 1 000 mL
冰醋酸	CH_3COOH	1.05	99.5	104.48	17	
稀醋酸	CH_3COOH			6.01	1	冰醋酸 60 mL 加水稀释至 1 000 mL
高氯酸	$HClO_4$	1.75	70～71		12	
浓氨溶液	NH_3H_2O	0.90	25%～27% NH_3	22.5%～24.3% NH_3	15	
氨试液(稀氢氧化氨液)		0.96	10% NH_3	9.6% NH_3	6	浓氨液 400 mL 加水稀释至 1 000 mL

三、常用有机溶剂及其主要性质

名称	化学式	相对分子质量	熔点（℃）	沸点（℃）	溶解性	性 质
甲醇	CH_3OH	32.04	−97.8	64.7	溶于水、乙醇、乙醚、苯等	无色透明液体，易被氧化成甲醛。其蒸气能与空气形成爆炸性的混合物。有毒，误饮后，能使眼睛失明。易燃，燃烧时生成蓝色火焰
乙醇	C_2H_5OH	46.07	−114.10	78.50	能与水、苯、醚等许多有机溶剂相混溶。与水混溶后体积缩小，并释放热量	无色透明液体，有刺激性气味，易挥发。易燃。为弱极性的有机溶剂
丙醇	C_3H_7OH	60.09	−127.0	97.20	与水、乙醇、乙醚等混溶	无色液体，对眼睛有刺激作用。有毒，易燃
丙三醇（甘油）	$C_3H_8O_3$			180	易溶于水，在乙醇等中溶解度较小，不溶解于醚、苯和氯仿	无色有甜味的黏稠液体。具有吸湿性，但含水到 20 %就不再吸水
丙酮	C_3H_6O	58.08	−94.0	56.5	与水、乙醇、氯仿、乙醚及多种油类混溶	无色透明易挥发的液体，有令人愉快的气味。能溶解多种有机物，是常用的有机溶剂。易燃
乙醚	$C_4H_{10}O$	74.12	−116.3	34.6	微溶于水，易溶于浓盐酸，与醇、苯、氯仿、石油醚及脂肪溶剂混溶	无色透明易挥发的液体，其蒸气与空气混合极易爆炸。有麻醉性。易燃，避光置阴凉处密封保存。在光下易形成爆炸性过氧化物
乙酸乙酯	$C_4H_9O_2$	88.1	−83.0	77.0	能与水、乙醇、乙醚、丙酮及氯仿等混溶	无色透明易挥发的液体。易燃。有果香味
苯	C_6H_6	78.11	5.5（固）	80.1	微溶于水和醇，能与乙醚、氯仿及油等混溶	白色结晶粉末，溶液呈酸性。有毒性，对造血系统有损害。易燃
甲苯	C_7H_8	92.12	−95	110.6	不溶于水，能与多种有机溶剂混溶	无色透明有特殊芳香味的液体，易燃，有毒

续表

名称	化学式	相对分子质量	熔点（℃）	沸点（℃）	溶解性	性质
二甲苯	C_8H_{10}	106.16		137～140	不溶于水，与无水乙醇、乙醚、三氯甲烷等混溶	无色透明液体，易燃，有毒。高浓度有麻醉作用
苯酚	C_6H_5OH	94.11	42	182.0	溶于热水，易溶于乙醇等有机溶剂。不溶于冷水和石油醚	无色结晶，见光或露置空气中变为淡红色。有刺激性和腐蚀性。有毒
氯仿	$CHCl_3$	119.39	−63.5	61.2	微溶于水，能与醇、醚、苯等有机溶剂及油类混溶	无色透明有香甜味的液体，易挥发，不易燃烧。在光和空气中的氧气作用下产生光气。有麻醉作用
四氯化碳	CCl_4	153.84	−23（固）	76.7	不溶于水，能与乙醇、苯、氯仿等混溶	无色透明不燃烧的质重液体。可用于灭火。有毒
二硫化碳	CS_2	76.14	−111.6	46.5	难溶于水，能与乙醇等有机溶剂混溶	无色透明的液体，有毒，有恶臭，极易燃
石油醚				30～70	不溶于水，能与多种有机溶剂混溶	是低沸点的碳氢化合物的混合物。有挥发性，极易燃，和空气的混合物有爆炸性
甲醛	CH_2O	30.03	120～170（多聚乙醛）		能与水和乙醇等混合。30%～40%的甲醛水溶液称为福尔马林，并含有5%～15%的甲醇	无色透明液体，遇冷聚合变混，形成多聚甲醛的白色沉淀。在空气中能逐渐被氧化成甲酸。有凝固蛋白质的作用。避光，密封，15℃以上保存。有毒
乙醛	CH_3CHO	44.05		20.8	能与水和乙醇任意混合	无色透明液体，久置聚合并发生浑浊或沉淀。易挥发。乙醛气体与空气混合后易引起爆炸
二甲亚砜	CH_3SOCH_3		18.5	189	能与水、醇、醚、丙酮、乙醛、吡啶、乙酸乙酯等混溶，不溶于乙炔以外的芳烃化合物	有刺激性气味的无色黏稠液体，有吸湿性。常用作冷冻材料时的保护剂。为非质子化的极性溶剂，能溶解二氧化硫、二氧化氮、氯化钙、硝酸钠等无机盐

续表

名称	化学式	相对分子质量	熔点(℃)	沸点(℃)	溶解性	性　质
乙二胺四乙酸	$C_{10}H_{16}N_2O_8$	292.25	240		溶于氢氧化钠、碳酸钠和氨溶液，不溶于冷水、醇和一般有机溶剂	白色结晶粉末，能与碱金属、稀土元素、过渡金属等形成极稳定的水溶性络合物，常用作络合试剂
吐温-80					能与水及多种有机溶剂相混溶，不溶于矿物油和植物油	浅粉红色油状液体，有脂肪味

附录五　常用仪器设备的使用

一、容量玻璃仪器的使用方法

容量仪器有装量和卸量两种。量瓶和单刻度吸管为装置仪器。滴定管、一般吸管和量筒等均为卸量仪器。近年来,自动取样器已广泛应用于生理生化教学和科学研究中,是一种取液量连续可调的精密仪器,使用极为方便。

(一)吸管

吸管是生理生化实验中最常用的卸量容器。

1. 无分度吸管(单刻度吸管,移液管):使用普通无分度吸管卸量时,管尖所遗留的少量溶液不要吹出,停留等待 3 s,同时转动吸管。

2. 分度吸管(多刻度吸管、直管吸管):分度吸管有完全流出式、吹出式和不完全流出式等多种型式。

(1)完全流出式:上有零刻度,下无总量刻度的,或上有总量刻度,下无零刻度的为完全流出式。这种吸管又分为慢流速、快流速两种。按其容量和精密度不同,慢流速吸管又分为 A 级与 B 级,快流速吸管只有 B 级。使用时 A 级最后停留 15 s,B 级停留 3 s,同时转动吸管,尖端遗留液体不要吹出。

(2)吹出式:标有“吹”字的为吹出式,使用时最后应吹出管尖内遗留的液体。

(3)不完全流出式:有零刻度也有总量刻度的为不完全流出式。使用时全速流出至相应的容量标刻线处。

为便于准确快速地选取所需的吸管,国际标准化组织统一规定,在分度吸管的上方印上各种彩色环,其容积标志如附录表 5-1。

附录表 5-1　分度吸管

标称容量(mL)	0.1	0.2	0.25	0.5	1	2	5	10	25	50
色标	红	黑	白	红	黄	黑	红	橘红	白	黑
标注方式	单	单	双	双	单	单	单	单	单	单

不完全流出式在单环或双环上方再加印一条宽 1 ～ 1.5 mm 的同颜色彩环以与完全流出式分度吸管相区别。

3. 使用方法及注意事项：移取溶液时，如吸管不干燥，应预先用所吸取的溶液将吸管冲洗 2～3 次，以确保所吸取的操作溶液浓度不变。吸取溶液时，一般用右手的大拇指和中指拿住管颈刻度线上方，把管尖插入溶液中。左手拿吸耳球，先把球内空气压出，然后把吸耳球的尖端接在吸管口，慢慢松开左手指，使溶液吸入管内。当液面升高至刻度以上时，移开吸耳球，立即用右手的食指按住管口，大拇指和中指拿住吸管刻度线上方，再使吸管离开液面，此时管的末端仍靠在盛溶液器皿的内壁上。略为放松食指，使液面平稳下降，直到溶液的弯月面与刻度标线相切时，立即用食指压紧管口，取出吸管，插入接受器中，管尖仍靠在接受器内壁，此时吸管应垂直，并与接受器约呈 15°夹角。松开食指让管内溶液自然地沿器壁流下。遗留在吸管尖端的溶液及停留的时间要根据吸管的种类进行不同处理。使用时注意：

(1)应根据不同的需要选用大小合适的吸管，如欲量取 1.5 mL 的溶液，显然选用 2 mL 吸管要比选用 1 mL 或 5 mL 吸管误差小。

(2)吸取溶液时要把吸管插入溶液深处，避免吸入空气而将溶液从上端溢出。

(3)吸管从液体中移出后必须用滤纸将管的外壁擦干，再行放液。

(二)滴定管

可以准确量取不固定量的溶液或用于容量分析。常用的常量滴定管有 25 mL 及 50 mL 两种，其最小刻度单位是 0.1 mL，滴定后读数时可以估计到小数点后 2 位数字。在生物化学和生理工作中常使用 2 mL 及 5 mL 半微量滴定管。这种滴定管内径狭窄，尖端流出的液滴也小，最小刻度单位是 0.01～0.02 mL，读数可到小数点后第 3 位数字。在读数以前要多等候一段时间，以便让溶液缓慢流下。

(三)量筒

量筒不是吸管或滴定管的代用品。在准确度要求不高的情况下，用来量取相对大量的液体。不需加热促进溶解的定性试剂可直接在具有玻璃塞的量筒中配制。

(四)容量瓶

容量瓶具有狭窄的颈部和环形的刻度。是在一定温度下(通常为 20℃)检定的，含有准确体积的容器。使用前应检查容量瓶的瓶塞是否漏水，合格的瓶塞应系在瓶颈上，不得任意更换。容量瓶刻度以上的内壁挂有水珠会影响准确度，所以应该洗得很干净。所称量的任何固体物质必须先在小烧杯中溶解或加热溶解，冷却至室温后才能转移到容量瓶中。容量瓶绝不应加热或烘干。

二、称量仪器的使用方法

生理生化实验中常用的称量仪器有台秤和光学天平。目前，不同型号的电子天平应用也很普遍，它具有实用、快速和称量范围大的特点。

(一)台秤

台秤又称药物天平是用于粗略称量的仪器。常用的有 100 g (感量 0.1 g)、200 g (感量 0.2 g)、500 g (感量 0.5 g)和 1 000 g (感量 1 g)4 种。其使用方法如下：

1.根据所称物品的重量选择合适的台秤。

2.将游码移至标尺"0"处，调节横梁上的螺丝使指针停止在刻度中央或使其左右摆动的格数相等。

3.将称量用纸或玻璃器皿(易吸潮的药品称重时应放在带盖的器皿中)放在左盘上，砝码放在右盘上。使指针重新平衡摆动，则右盘上的砝码总量(包括游码代表的重量)即代表左盘上称量用纸(或器皿)的重量，记录此重量。

4.向纸或器皿中加入称重的物品再向左盘上加砝码使重新达到平衡，将所得砝码总重减去纸或容器的重量即得所称物品的重量。

5.必须用镊子夹取砝码，加砝码的顺序是从大到小。

6.称量完毕，将游码重新移至"0"处，清洁称重盘，放回砝码。

(二)光学天平

1.使用方法

(1)被称物要称准到 1 mg 时才准使用分析天平。被称物重量不得超过天平最大载荷。若被称物较重，应先在粗天平上试称。

(2)在同一次实验中应使用同一台天平和同一盒砝码。不同砝码盒内之砝码不能随意调换。

(3)每次称量前检查天平位置是否水平，零点偏差多少。零点偏差超过 1 mg 时，需调整后再用。

(4)天平机构有任何损坏或不正常情况时，在未消除故障以前应停止使用。

(5)使用过程中要特别注意保护玛瑙刀口，起落升降横梁时应缓慢，不得使天平剧烈振动。

(6)取放被称物或加减砝码都必须把天平横梁托起(关闭天平)以免损坏刀口。

(7)被称物的温度必须和天平室的室温一致。

(8)被称物须盛在干净的容器中称量。具有腐蚀性的蒸气或吸湿性的物质必须放在密闭的容器内称量。

(9)被称物和砝码要放在天平盘的中央。

(10)天平的前门不得随意打开。称量过程中只能打开左右两个边门。取放物品或加减砝码时开关门要轻而慢。称量时天平的各玻璃门要紧闭。

(11)必须用镊子夹取砝码,严禁用手拿取。按从大到小顺序缓慢增加砝码。加环码时要注意避免环码跳落或变位以致影响称量数据。

(12)使用完毕后必须将天平横梁托住(将开关手柄关闭,最好取下),然后将砝码放回原位(包括盒砝码和环砝码)。清洁天平,断开电源,再用罩把天平罩好。必须登记使用情况后方可离开天平室。

2.天平的调整(较大的调整应由保管天平的专人或教师进行)

(1)调水平:用天平前位两个底脚螺丝调正水准器。气泡在水准器正中央即为水平。

(2)调零点:即使微量标尺上的0点与游标(光屏)刻线完全重合。

①较大的零点调整:可移动横梁上左右平衡螺丝的位置。

②较小的零点调整:即微量标尺"0"点与游标(光屏)刻线相距3格以内,可转动底板下面的拨杆。

(3)调光学系统

①射影颜色:若灯光射影显示骚扰的颜色,明暗不一,可转动和移动聚光镜的位置。

②射影不正:如光学投影上的刻度偏上或偏下,可移动一次反射镜的角度来调整。

③射影明晰性:如光学投影上的射影不清晰或重线,可调放大镜的距离。

(4)调感量:用重心螺丝调感量,重心螺丝向上移动时感量增大,重心螺丝向下移动时感量减小。没有一定经验的人,不要随意自行调整感量。

(5)调秤盘摩擦的适度:当天平停止使用时,秤盘应正好与下面的托盘轻微接触,如托盘太高或太低,可将托盘拨下,调整托盘螺丝的长短使其摩擦适度。

(6)当天平开动后,光学投影在停止前应左右摆动自如。如摆动突然停止,则指针阻尼器等发生摩擦,应仔细检查各部分安装是否正确然后纠正其不正确处,让天平自由地摆动。

3.注意事项(天平应固定专人管理,定期复检、调整及维护)

(1)天平室要保持高度清洁,清扫天平室时,只能用带潮气的布擦拭,决不能用湿透的拖把拖地。潮湿物品切勿带入室内,以免增加湿度。

(2)应随时清洁天平外部,至少一周清洁一次。一般可用软毛刷,绒布或麂皮拂去天平上的灰尘,清洁时注意不得用手直接接触天平零件,以免水分遗留在零件上引起金属氧化和量变。因此应戴细纱手套或极薄的胶皮手套，并顺其金属光面条纹进行，以免零件光洁度受损。为避免有害物质的存留，在每次称量完毕后，应立即清洁底座。横梁上之玛瑙刀口的工作棱边应保持高度清洁，常使用鹿皮顺其棱边前后滑动，用慢速清洁，中刀承和边刀垫之玛瑙平面及各部之玛瑙轴承也用鹿皮清洁。阻尼器的壁上可用软毛刷和鹿皮清洁后，再用 20～30 倍放大镜观察是否仍有细小物质的存在。

(3)天平玻璃框内需放防潮剂，最好用变色硅胶，并注意更换。

(4)在天平和砝码附近应放有该天平和砝码实差的检定合格证书，以便衡量时获得准确的必要数据。

(5)搬动天平时一定要卸下横梁、吊耳和秤盘。远距离搬动还要包装好。箱外应标志方向和易损符号，并注有精密仪器切勿倒置等字样。

三、分光光度计

(一)721 型分光光度计

1. 操作方法

(1)在接通电源之前，应该对于仪器的安全性进行检查，电源线接线应牢固，通地要良好，各个调节旋钮的起始位置应该正确。

(2)电表的指针必须位于零刻线上。若指针偏离，则可用电表上的校正螺丝进行调节。

(3)将仪器的电源接通，打开比色皿暗箱盖，使电表指针处于零位。预热 20 min 后，才能使用。

(4)调节波长旋钮至所需用的单色光波长，选择相应的放大灵敏度挡，再用零位电位器校正电表指针指在零位。

(5)将预先装好空白溶液和待测溶液的比色皿依次放入暗箱内的比色皿架上。此时空白溶液应位于光路上。盖上暗箱，使光电管见光，旋转光量调节器，使光电管输出的光电讯号能使电表指针正确处于 100%。

(6)按上述方法连续几次调整零位和使电表指针指在 100%后，即可进行测定工作。

(7)在最后一次调节电表指针，使它指在透光率 100%后，轻拉比色皿定位装置的拉杆，使待测溶液进入光路。此时由标尺上可直接读出光吸收值和透光率的读数。

2. 注意事项

(1)可根据不同的单色光波长，和光能量选用放大器灵敏度挡。各挡的灵敏度范围是:第1挡×1倍,第2挡×10倍,第3挡×20倍。原则是能使空白挡良好地用光量调节器调整于100%处。

(2)仪器底部放有2只干燥剂筒,用以保持仪器的干燥,此外,在仪器停止工作期间,在比色皿暗箱内,塑料仪器套内都应放防潮硅胶袋。

(3)仪器的连续使用时间不应超过2 h。使用后必须间歇0.5 h,才能再用。

(4)务必保持比色皿透光面的清洁。不要用手摸比色皿的光滑的表面,更不要用毛刷刷洗比色皿,以免影响读数的准确。

(5)脏的比色皿可浸泡在肥皂水中,然后再用自来水和蒸馏水冲洗干净。倒置晾干备用。

(6)比色皿外边沾有水或待测溶液时,可先用滤纸吸干,再用镜头纸揩净。

(7)把比色皿放入比色皿架时,要注意尽量使它们的位置前后一致。

(8)测定时应尽量使被测溶液的光吸收值在0.1～0.65范围内。

(9)仪器的周围应干燥。仪器使完后,应该用塑料套子罩住,并在套子内放数袋防潮硅胶。

(10)经常注意单色光器的防潮硅胶是否受潮,并及时调换或烘干。

(二)722S分光光度计

与721相比具有更宽广的光谱范围,包含了现代比色分析与生化及酶分析常用的340～400 nm近紫外段和800～1 000 nm的近红外段。

1.操作方法

(1)预热:打开样品槽盖,打开电源,预热20 min(注意:预热或者使用间隔期,将样品槽盖打开,数字显示窗口显示TRANS值,目的是减少光电管的使用时间,延长其寿命)。

(2)调整波长:使用波长调节旋钮,具体波长由旋钮一侧的显示窗显示。

(3)调零:按“0%”键,即能自动调整零位。

(4)样品液准备:将空白对照和样品液分别装入比色皿。比色皿有光面和毛面,手拿毛面,如有液体漏到比色皿外壁,以吸水纸轻轻擦去。

(5)调整100%T:将用作背景的空白样品置入样品室光路中,盖下试样盖(同时打开光门),按下“100%T”键即能自动调整100%T(注意:调整100%T时整机自动增益系统重调可能影响0%,调整后请检查0%,如有变化可重调0%一次。)

(6)测量:用仪器前面的拉杆来改变样品位置,打开样品室盖以观察样品槽中的样品位置最靠近测试者的为“0”位置,依次为“1”、“2”、“3”位置。当拉杆到位时有定位感,到位时请前后轻轻推动一下以确保位置正确。按MODE键使读数窗口显示ABS值,将样品进入光路,读取ABS值,做好记录。

(7)清洁:测完样品后,看是否污染仪器进行适当处理,关掉电源,做好仪器使用记录。

2. 注意事项

(1)每台仪器所配套的比色皿,不能与其他仪器的比色皿单个调换。

(2)每次测试完毕或更换样品液时须打开样品池盖,数字显示窗口显示TRANS值,以防光照过久使光电管疲劳。

(3)调整100%T时整机自动增益系统重调可能影响0%,调整后请检查0%,如有变化可重调0%一次。

(4)其他见721型分光光度计注意事项。

(三)751G型分光光度计

1. 操作方法

(1)检查电源电压是否与仪器所要求的电压相符,然后再插上电源插头。

(2)根据测定所要求的波长选择光源灯。在波长320～1 000 nm范围内用钨灯。在波长200～320 nm范围内,用氢弧灯作为光源。拨动光源选择杆使所需要的光源灯进入光路。根据需要可以把滤光片推入光路,以减少杂散光,但通常情况下没有这种必要。把波长刻度旋到所要的波长上。

(3)检查仪器的各种开关和旋钮使处于关闭位置。然后再打开电源开关,使仪器预热20 min。

(4)选择适当波长的光电管。如测定的波长在200～625 nm范围内,用紫敏光电管,此时应将手柄推入。如测定的波长在625～1 000 nm范围,用红敏光电管,应将手柄拉出。

(5)根据波长选择比色皿。测定的波长在350 nm以上时,用玻璃比色皿。测定波长在350 nm以下时,则需用石英比色皿。在比色皿中装好溶液,放在暗箱内的托架上,然后把暗箱盖好。

(6)把选择开关拨到"校正"位置上。调节暗电流使电表指针指到" 0 "。为了得到较高的准确度,每测量一次都应校正一次暗电流。

(7)在一般情况下,旋转灵敏度旋钮从左边停止位置顺时针转动3圈左右。

(8)旋转读数钮,使刻度盘位于透光率100%位置上。把选择开关拨到"×1"处,然后拉开暗电流闸门,使单色光进入光电管。

(9)调节狭缝,使电表指针接近零位。而后再用灵敏度旋钮细致调节,使电表指针正确地指在"0"上。

(10)把比色皿定位装置的拉杆轻轻地拉出一格(注意应使滑板处在定位槽中),使试样溶液进入光路,这时电表指针偏离零位。

(11)转动读数电位器旋钮，重新使电表指针移到"0"位上，此时刻度盘上的读数即为试样的透光率和相应的光吸收值。

(12)取得读数后，应即时将暗电流闸门重新关上，以保护光电管，防止受光时间过长而疲劳。

(13)在读取透光率和相应消光值的数值时，若选择开关在"×1"处，透光率范围为0%～100%，相应消光值范围由∞～0。当透光率小于10%时，则可把选择开关拨到"×0.1"位置，此时所读取的透光率数值，应以10除之。而所读出的消光值应加上1.0。

(14)需要用同一标准溶液测定几个样品时，可重复以上的操作。

(15)测定完后，应把各个旋钮和开关复原和关闭，拔下插销，并把仪器罩好。

2. 注意事项

(1)在电压变动较大的地方，应使用稳压器，以确保仪器稳定工作。

(2)其他见721型分光光度计注意事项。

(四)UV-1600紫外可见分光光度计

1. 操作方法

(1)打开主机开关，10 s后有继电器吸合声音，按" ENTER"键，出现自检正常信号"OK"(附录图5-1)，预热15 min。若出现问题则显示"ERR"。

(2)自检结束后，按"RETURN"键进入主菜单(附录图5-2)，可自选5项功能。如进行光度测量，可按数字键"2"。

自检	钨灯	OK
	氘灯	OK
	滤色片	OK
	灯定位	OK
	样池定位	OK
	波长定位	OK

附录图5-1　自检菜单

主菜单

1. 波长扫描
2. 光度测量
3. 定量分析
4. 时间扫描
5. 系统设置

附录图5-2　主菜单

(3)选择其中一项如光度测量，按"F1"进入波长扫描参数设置(比色皿校正，关、换灯点340，一般不动)，所需样品数通过↑箭头或↓箭头键将光标停在相应的选项，按"ENTER"键确认，所需波长按"GOTO"键，重新设置波长按数字键"ENTER"设置。

(4)装入比色皿，盖上样池盖后，按"F2"出现提示"要运行吗?"，按"ENTER"

键确认，下方出现“要校正比色皿吗?”，如果校正，按“ENTER”，等“OK”出现，如不校正，按“CE”。测量结束后，查询数据按“—”，打印按“F4”。

(5)测量完毕，按“RETURN”退回到主菜单，可关主机。

2. 注意事项

(1)弄清样池号：站在仪器前面，打开样品室，靠近操作者的第一个样池为1号样池，往远离操作者的方向依次为2，3，4，5，6，7，8号样池。测量时，8号样池应放参比试样。

(2)操作提示中，按“ENTER”键表示对询问的确认，按“CE”键表示对询问的否定。

(3)进入功能操作后，请不要无目的地触摸键盘，以免误操作。

(4)测量运行时，不要随便打开样品室盖。

(5)本仪器采用模块化方法设计软件，各功能模块是相互独立的。只要在操作过程中不进行波长校正，各功能模块保存各自最后测量的数据。但是，断电后测量数据将丢失，所以断电前或者重新测量前，请及时保存有价值的图谱或数据。

(6)允许用酒精、汽油、乙醚等有机溶液擦洗仪器。

(7)如果不用紫外波段，可在仪器自检结束后关闭氘灯，以延长其寿命。

仪器不正常工作时，应该认真观察现象，最好记录下来，并报告老师，为维护人员创造条件。

四、离心机

离心机是利用离心力把比重不同的固体或液体分开的装置。离心技术广泛应用于工业、农业、医药、生物等科学研究领域中。根据转速的不同，可分为低速、高速和超速等不同类型。生理生化实验室经常使用的是低速电动离心机，最高转速是4 000 $r \cdot min^{-1}$。

(一)使用方法

(1)检查离心机调速旋钮是否处在零位，外套管是否完整无损和垫有橡皮垫。

(2)离心前，先将离心的物质转移入合适的离心管中，其量以距离心管口1～2 cm为宜，以免在离心时甩出。将离心管放入外套管中，在外套管与离心管间注入缓冲水，使离心管不易破损。

(3)取一对外套管(内已有离心管)放在台秤上平衡。如不平衡，可调整缓冲用水或离心物质的量。将平衡好的套管放在离心机十字转头的对称位置上。把不用的套管取出，并盖好离心机盖。

(4)接通电源，开启开关。

(5)平稳、缓慢地移动调速手柄(需 1～2 min)至所需转速,待转速稳定后再开始计时。

(6)离心完毕,将手柄慢慢地调回零位。关闭开关。切断电源。

(7)待离心机自行停止转动后,才可打开机盖,取出离心样品。

(8)将外套管、橡胶垫冲洗干净,倒置干燥备用。

(二)注意事项

(1)离心机要放在平坦和结实的地面或实验台上。

(2)离心机应接地线,以确保安全。不允许倾斜。

(3)离心机启动后,如有不正常的噪声及振动时,可能离心管破碎或相对位置上的两管重量不平衡,应立即关机处理。

(4)须平稳、缓慢增减转速。关闭电源后,要等候离心机自动停止。不允许用手或其他物件迫使离心机停转。

(5)一年检查一次电动机的电刷及轴承磨损情况,必要时更换电刷或轴承。注意电刷型号必须相同。更换时要清洗刷盒及整流子表面污物。新电刷要自由落入刷盒内。要求电刷与整流子外圆吻合。轴承缺油或有污物时,应清洗加油,轴承采用二硫化钼锂基脂润滑。加量一般为轴承空隙的 1/2。

五、干燥箱和恒温箱

干燥箱用于物品的干燥和干热灭菌,恒温箱用于微生物和生物材料的培养。这两种仪器的结构和使用方法相似,干燥箱的使用温度范围为 50～250℃,常用鼓风式电热以加速升温。恒温箱的最高工作温度为 60℃。

(一)使用方法

(1)将温度计插入座内(在箱顶放气调节器中部)。

(2)把电源插头插入电源插座。

(3)将电热丝分组开关转到 1 或 2 位置上(视所需温度而定),此时可开启鼓风机促使热空气对流。电热丝分组开关开启后,红色指示灯亮。

(4)注意观察温度计。当温度计温度将要达到需要温度时,调节自动控温旋钮,使绿色指示灯正好发亮,10 min 后再观察温度计和指示灯,如果温度计上所指温度超过需要,而红色指示灯仍亮,则将自动控温旋钮略向反时针方向旋转,直调到温度恒定在要求的温度上,指示灯轮番显示红色和绿色为止。自动恒温器旋钮在箱体正面左上方。它的刻度板不能作为温度标准指示,只能作为调节用的标记。

(5)在恒温过程中,如不需要 3 组电热丝同时发热时,可仅开启一组电热丝。开启组数越多,温度上升越快。

(6)工作一定时间后,可开启顶部中央的放气调节器将潮气排出,也可开鼓风机。

(7)使用完毕后将电热丝分组开关全部关闭,并将自动恒温器的旋钮沿反时针方向旋至零位。

(8)将电源插头拔下。

(二)注意事项

(1)使用前检查电源,要有良好地线。

(2)干燥箱无防爆设备,切勿将易燃物品及挥发性物品放入箱内加热。箱体附近不可放置易燃物品。

(3)箱内应保持清洁,放物网不得有锈,否则影响玻璃器皿洁度。

(4)使用时应定时监看,以免温度升降影响使用效果或发生事故。

(5)鼓风机的电动机轴承应每半年加油一次。

(6)切勿拧动箱内感温器,放物品时也要避免碰撞感温器,否则温度不稳定。

(7)检修时应切断电源。

六、电热恒温水浴

电热恒温水浴用于恒温加热和蒸发,最高工作温度为100℃,此仪器利用控温器控制温度,所以工作原理和使用方法与干燥箱相似。但应注意使用前在水浴槽内加足量的水以避免电热管烧坏。如较长时间不使用,必须放尽水槽内的全部水。

附录六 常见蛋白质的相对分子质量和等电点参考值

一、常见蛋白质的相对分子质量参考值

名称(英文)	相对分子质量
血清白蛋白(人)[serum albumin(human)]	68 000
血清白蛋白(牛)[serum albumin(bovine)]	67 000
过氧化氢酶[catalase]	232 000(4)
谷氨酸脱氢酶[glutamate dehydrogenase]	320 000
卵清蛋白(鸡)[ovalbumin(hen)]	43 000
甘油醛磷酸脱氢酶[glyceraldehydes phosphate dehydrogenase]	72 000(2)
胃蛋白酶(猪)[pepsin]	35 000
胰凝乳蛋白酶原[chymotrypsinogen]	25 700
胰蛋白酶[trypsin]	23 300
肌红蛋白[myoglobin]	17 200
血红蛋白[hemoglobin]	64 500(4)
核糖核酸酶[ribonuclease]	13 700
细胞色素 c[cytochrome c]	13 370
胰岛素[insulin]	11 466(2)
α-淀粉酶[α-amylase]	50 000(2)
琥珀酸脱氢酶[saccinate dehydrogenase]	97 000(2)(70 000,27 000)
脲酶[urease]	480 000(5)[240 000(2),83 000(3)]

注:括号内为该蛋白亚基数。

二、常见蛋白质的等电点参考值(单位:pH)

名称(英文)	等电点
血清白蛋白[serum albumin]	4.7～4.9
α-酪蛋白[α-casein]	4.0～4.1
β-酪蛋白[β-casein]	4.5
γ-酪蛋白[γ-casein]	5.8～6.0
κ-酪蛋白[κ-casein]	4.1
β-乳球蛋白[β-lactoglobulin]	5.1～5.3
肌红蛋白[myoglobin]	6.99
血红蛋白(人)[hemoglobin(human)]	7.07
血红蛋白(鸡)[hemoglobin(hen)]	7.23
血红蛋白(马)[hemoglobin(horse)]	6.92
细胞色素 c[cytochrome c]	9.8～10.0
胃蛋白酶 [pepsin]	1.0
糜蛋白酶[chymotrypsin]	8.1

附录七　硫酸铵饱和度常用表

一、调整硫酸铵溶液饱和度计算表(25℃)

		硫酸铵终浓度饱和度(%)																
		0	20	25	30	33	35	40	45	50	55	60	65	70	75	80	90	100
		每升溶液加固体硫酸铵的克数*																
硫酸铵初浓度，饱和度(%)	0	56	114	114	176	196	209	243	277	313	351	390	430	472	516	561	662	707
	10		57	86	118	137	150	183	216	251	288	326	365	406	449	494	592	694
	20			29	59	78	81	123	155	189	225	262	300	340	382	424	520	619
	25				30	49	61	93	125	158	193	230	267	307	348	390	485	583
	30					19	30	62	94	127	162	198	235	273	314	356	449	546
	33						12	43	74	107	142	177	214	252	292	333	426	522
	35							31	63	94	129	164	200	238	278	319	411	506
	45									32	65	99	134	171	210	250	339	431
	50										33	66	101	137	176	214	302	392
	55											33	67	103	141	179	264	353
	60												34	69	105	143	227	314
	65													34	70	107	190	275
	70														35	72	153	237
	75															36	115	198
	80																77	157
	90																	79

* 在 25℃ 下，硫酸铵溶液由初浓度调到终浓度时，每升溶液所加固体硫酸铵的克数。

二、调整硫酸铵溶液饱和度计算表(0℃)

		硫酸铵终浓度，饱和度(%)																
			20	25	30	35	40	45	50	55	60	65	70	75	80	85	90	100
		每 100 mL 溶液加固体硫酸铵的克数*																
硫酸铵初浓度，饱和度(%)	0	10.6	13.4	16.4	19.4	22.6	25.8	29.1	32.6	36.1	39.8	43.6	47.6	51.6	55.9	60.3	65.0	69.7
	5	7.9	10.8	13.7	16.6	19.7	22.9	26.2	29.6	33.1	36.8	40.5	44.4	48.4	52.6	57.0	61.5	66.2
	10	5.3	8.1	10.9	13.9	16.9	20.0	23.3	26.6	30.1	33.7	37.4	41.2	45.2	49.3	53.6	58.1	62.7
	15	2.6	5.4	8.2	11.1	14.1	17.2	20.4	23.7	27.1	30.6	34.3	38.1	42.0	46.0	50.3	54.7	59.2
	20	0	2.7	5.5	8.3	11.3	14.3	17.5	20.7	24.1	27.6	31.2	34.9	38.7	42.7	46.9	51.2	55.7
	25		0	2.7	5.6	8.4	11.5	14.6	17.9	21.1	24.5	28.0	31.7	35.5	39.5	43.6	47.8	52.2
	30			0	2.8	5.6	8.6	11.7	14.8	18.1	21.4	24.9	28.5	32.3	36.2	40.2	44.5	48.8
	35				0	2.8	5.7	8.7	11.8	15.1	18.4	21.8	25.4	29.1	32.9	36.9	41.0	45.3
	40					0	2.9	5.8	8.9	12.0	15.3	18.7	22.2	25.8	29.6	33.5	37.6	41.8
	45						0	2.9	5.9	9.0	12.3	15.6	19.0	22.6	26.3	30.2	34.2	38.3
	50							0	3.0	6.0	9.2	12.5	15.9	19.4	23.0	26.8	30.8	34.8
	55								0	3.0	6.1	9.3	12.7	16.1	19.7	23.5	27.3	31.3
	60									0	3.1	6.2	9.5	12.9	16.4	20.1	23.1	27.9
	65										0	3.1	6.3	9.7	13.2	16.8	20.5	24.4
	70											0	3.2	6.5	9.9	13.4	17.1	20.9
	75												0	3.2	6.6	10.1	13.7	17.4
	80													0	3.3	6.7	10.3	13.9
	85														0	3.4	6.8	10.5
	90															0	3.4	7.0
	95																0	3.5
	100																	0

* 在 0℃ 下，硫酸铵溶液由初浓度调到终浓度时，每 100 mL 溶液所加固体硫酸铵的克数。

参考文献

[1] 李建武，肖能庚，余瑞芝. 生物化学实验原理和方法. 北京：北京大学出版社，1994.

[2] 战广琴，钱万英. 生物化学实验. 北京：中国农业大学出版社，2001.

[3] 俞建瑛，蒋宇，王善利. 生物化学实验技术. 北京：化学工业出版社，2005.

[4] 蒋立科，罗曼. 生物化学实验设计与实践. 北京：高等教育出版社，2006.

[5] 陈钧辉，陶力，李俊. 生物化学实验. 北京：科学出版社，2002.

图书在版编目(CIP)数据

基础生物学实验指导/赵海泉主编. —北京:中国农业大学出版社,2008.8
ISBN 978-7-81117-425-0

Ⅰ.基…　Ⅱ.赵…　Ⅲ.生物学-实验-高等学校-教学参考资料　Ⅳ.Q5-33

中国版本图书馆 CIP 数据核字(2008)第 125784 号

书　　名　基础生物学实验指导　生物化学分册
作　　者　赵海泉　主编

策划编辑　魏秀云　　**责任编辑**　孟　梅
封面设计　郑　川　　**责任校对**　王晓凤
出版发行　中国农业大学出版社
社　　址　北京市海淀区圆明园西路 2 号　　**邮政编码**　100193
电　　话　发行部 010-62731190,2620　　读者服务部 010-62732336
　　　　　　编辑部 010-62732617,2618　　出　版　部 010-62733440
网　　址　http://www.cau.edu.cn/caup　　**e-mail** cbsszs @ cau.edu.cn
经　　销　新华书店
印　　刷　涿州市星河印刷有限公司
版　　次　2008 年 8 月第 1 版　　2013 年 7 月第 4 次印刷
规　　格　787×980　　16 开本　　7.5 印张　　133 千字
定　　价　本册定价:12.00 元(总定价:84.00 元)